PSEUDOPOTENTIALE

VON

PROF. DR. P. GOMBÁS
DIREKTOR DES PHYSIKALISCHEN INSTITUTS DER UNIVERSITÄT
FÜR TECHNISCHE WISSENSCHAFTEN IN BUDAPEST
UND DER FORSCHUNGSGRUPPE FÜR THEORETISCHE PHYSIK
DER UNGARISCHEN AKADEMIE DER WISSENSCHAFTEN IN BUDAPEST

MIT 20 TEXTABBILDUNGEN

1967

SPRINGER-VERLAG

WIEN · NEW YORK

ISBN-13:978-3-7091-7951-2   e-ISBN-13: 978-3-7091-7950-5
DOI: 10.1007/978-3-7091-7950-5

Alle Rechte, insbesondere das der Übersetzung
in fremde Sprachen, vorbehalten

Ohne schriftliche Genehmigung des Verlages
ist es auch nicht gestattet, dieses Buch oder Teile daraus
auf photomechanischem Wege (Photokopie, Mikrokopie)
oder sonstwie zu vervielfältigen

© 1967 by Springer-Verlag/Wien
Softcover reprint of the hardcover 1st edition 1967
Library of Congress Catalog Card Number 67-18160

Titel-Nr. 9205

Meiner verstorbenen Frau Ida gewidmet. Das Entstehen dieses Buches wurzelt in ihrem Wirken, mit dem sie mir einst oft unter den schwierigsten Verhältnissen die zur ruhigen Arbeit nötigen Vorbedingungen geschaffen hat.

Vorwort

Die in diesem Buch behandelten Pseudopotentiale: die Austauschpotentiale, die Korrelationspotentiale und die PAULIschen Besetzungsverbotpotentiale finden eine ständig wachsende Anwendung. Da eine zusammenfassende Darstellung des gesamten Gebietes fehlt, möchte ich mit dem vorliegenden Buch diese Lücke ausfüllen. Ich war bestrebt, hier eine Übersicht des gesamten Gebietes sowohl der Theorie der Pseudopotentiale als deren Anwendungen, mit Ausnahme der vielseitigen Anwendungen der wellenmechanischen Besetzungsverbotpotentiale, zu geben. Bezüglich dieser verweise ich auf eine Zusammenfassung von ZIMAN (Advances in Physics **13**, 89, 1964), wo diese ausführlich behandelt wurden.

Die Darstellung des Stoffes ist durchweg möglichst einfach. Dies soll nicht nur dem Studierenden und jungen Forschern der theoretischen Physik, sondern auch den auf den Nachbargebieten arbeitenden Studierenden — in erster Linie den experimentellen Physikern und Chemikern — ein Vordringen in dieses Gebiet erleichtern.

Es war mir beim Schreiben des Buches immer wieder eine Genugtuung, zu sehen, wie weit man mit diesen einfachen Näherungsmethoden, deren mathematische Hilfsmittel die elementaren Regeln der Differential- und Integralrechnung kaum überschreiten, in einige Gebiete, so z. B. in die Theorie der Atomstruktur und in die Theorie der Festkörper vordringen kann. Dabei muß man sich natürlich im allgemeinen mit einer kleineren Genauigkeit begnügen, als die welche die mit genaueren Methoden erzielten Lösungen besitzen, sofern solche überhaupt vorliegen; der Verlust an Genauigkeit ist jedoch in den meisten Fällen sehr gering.

Obwohl die mit den Pseudopotentialen entwickelten Näherungsverfahren im allgemeinen weniger genaue Lösungen liefern als die exakteren, können sie meiner Ansicht nach sowohl wegen ihres äußerst einfachen gedanklichen Aufbaues als auch wegen ihrer sehr einfachen Anwendbarkeit, außer in den schon erwähnten Gebieten, besonders in der Quantenchemie und in der zur Zeit im Entstehen begriffenen Quantenbiologie, von bedeutendem Nutzen sein.

Die statistischen Pseudopotentiale sind sehr eng mit der statistischen Theorie des Atoms verbunden. Ich mußte mich daher des öfteren auf die statistische Theorie des Atoms beziehen, wobei häufig die folgenden beiden zusammenfassenden Arbeiten zitiert wurden: P. GOMBÁS, Die statistische Theorie des Atoms und ihre Anwendungen, Springer, Wien, 1949, und P. GOMBÁS, Statistische Behandlung des Atoms in FLÜGGES Handbuch der Physik Bd. 36/2, S. 108, Springer, Berlin-Göttingen-Heidelberg, 1956. Der Kürze halber habe ich diese beiden Arbeiten als I bzw. II zitiert.

Über die behandelten Gebiete gibt das Inhaltsverzeichnis einen Überblick. Ausführlicher über den Inhalt kann man sich an Hand der am Kopf jedes Kapitels stehenden kurzen Zusammenfassungen orientieren. Hierbei sei noch kurz erwähnt, daß die im § 17 angegebene chronologische Reihenfolge einiger Arbeiten auch dazu beitragen soll, eine fast ganz ins Vergessen geratene Priorität in bezug auf die Besetzungsverbotoperatoren Φ_{nl} und Φ_n richtigzustellen (man vgl. S. 109).

Als die Drucklegung des Buches schon fast beendet war, gelang es mir, eine Korrektion der statistischen Austauschpotentiale zu entwickeln, durch die die äußeren Gebiete des Atoms, wo die statistischen Austauschpotentiale versagen, ausgeschaltet werden. Daß diese Korrektion noch in einem Anhang gebracht werden konnte und es mir ermöglicht wurde, einige diesbezügliche kurze Hinweise im Text noch nachträglich einzufügen, habe ich dem Verlag zu verdanken.

Nun habe ich noch die angenehme Pflicht, für die Unterstützung und Hilfe zu danken, die mir bei meiner Arbeit zuteil wurde. Viele wertvolle Diskussionen hatte ich mit den Herrn Dr. D. KISDI und Dr. T. SZONDY. Die numerischen Rechnungen haben Frl. O. KUNVÁRI, Frl. E. MÁGORI und Frl. Zs. OZORÓCZY durchgeführt; die Figuren wurden mit großer Sorgfalt von Frl. O. KUNVÁRI gezeichnet. Beim Lesen der Korrekturen haben mich die Herren Dr. D. KISDI, Dr. T. SZONDY und GY. BÜTI unterstützt. Frau J. BAITTROK war mir bei der druckfertigen Ausstattung des Manuskriptes behilflich. Ihnen allen möchte ich auch an dieser Stelle meinen Dank aussprechen. Besonderer Dank gebührt Frl. O. KUNVÁRI, die mir nicht nur bei der Durchführung der numerischen Rechnungen, sondern auch beim Lesen der Korrekturen und Anfertigung der Register große Hilfe leistete. Dem Springer-Verlag danke ich für das Verständnis und Entgegenkommen, das er allen meinen vielen Wünschen gegenüber bewiesen hat, weiterhin für die große Sorgfalt, mit der die Ausstattung des Buches durchgeführt wurde.

Budapest, im Januar 1967.

P. **Gombás**

Inhaltsverzeichnis

	Seite
Einleitung	1
I. Grundlagen	2
§ 1. Die Methode des self-consistent field	2
1. Einleitung	2
2. Hartreesche Näherung	3
3. Focksche Näherung	5
4. Das sukzessive Näherungsverfahren zur Lösung der Grundgleichungen	8
5. Grenzen der Methode. Die Korrelation	9
§ 2. Elektronengas freier Elektronen	11
1. Statistische Behandlungsweise des Elektronengases am absoluten Nullpunkt der Temperatur	11
2. Wellenmechanische Behandlung des freien Elektronengases. Dichtematrix	18
§ 3. Wechselwirkung der Elektronen eines freien Elektronengases	25
1. Elektrostatische Wechselwirkungsenergie	25
2. Austauschenergie	25
3. Korrelationsenergie	30
§ 4. Statistische Behandlung von Atomen	36
1. Einleitung	36
2. Das statistische Modell von Thomas und Fermi	36
3. Korrektionen und Erweiterungen des statistischen Modells	40
II. Austauschpotentiale	46
§ 5. Das mittlere Austauschpotential V_a^m	46
§ 6. Das Austauschpotential V_a^μ	49
§ 7. Anwendungen und Erweiterungen der Austauschpotentiale	52
1. Vereinfachung der Fockschen Grundgleichungen des self-consistent field	52
2. Berechnung der Austauschenergie von Valenzelektronen in Atomen	52
3. Erweiterungen	53

III. Korrelationspotentiale 54

§ 8. Die Korrelationspotentiale V_c^m und V_c^μ 55
  1. Das mittlere Korrelationspotential V_c^m 55
  2. Das Korrelationspotential V_c^μ 57

§ 9. Anwendungen der Korrelationspotentiale 59
  1. Erweiterung der Grundgleichungen des self-consistent field . . 59
  2. Berechnung der Korrelationsenergie von Atomelektronen . . . 59
  3. Korrelationsenergie von Atomen 60

IV. Statistische Besetzungsverbotpotentiale 61

§ 10. Vereinfachtes WENTZEL-KRAMERS-BRILLOUINsches Verfahren mit einer Begründung der Quantenbedingung für den radialen Impuls 62

§ 11. Das Besetzungsverbotpotential G_l 66

§ 12. Das Besetzungsverbotpotential F_l 70

§ 13. Das Besetzungsverbotpotential S_λ 74

§ 14. Halbempirische Besetzungsverbotpotentiale 75

§ 15. Anwendungen der Besetzungsverbotpotentiale 76
  1. Anwendung auf freie Atome 76
  2. Anwendung auf Metalle 86
  3. Vereinfachtes self-consistent field 86
  4. Die Besetzungsverbotpotentiale in der statistischen Theorie des Atoms 87
  5. Die Besetzungsverbotpotentiale in der Theorie der Atomkerne . 89

§ 16. Vereinfachtes self-consistent field für Atome. Das statistische Atommodell mit Schalenstruktur 90
  1. Erste Näherung 91
  2. Zweite Näherung, Orthogonalisierung der Eigenfunktionen . . 103

V. Nicht-lokale Besetzungsverbotpotentiale. Besetzungsverbotoperatoren . 107

§ 17. Die Besetzungsverbotoperatoren Φ_{nl} und Φ_n 108

§ 18. Zusammenhang zwischen den Besetzungsverbotoperatoren und den statistischen Besetzungsverbotpotentialen 112
  1. Allgemeines 112
  2. Zusammenhang zwischen Q_n und F_0 113
  3. Zusammenhang zwischen Q_{nl} und G_l 114

§ 19. Verallgemeinerung der Pseudopotentiale 118

§ 20. Anwendungen 120

Anhang: **Korrektion der statistischen Austauschpotentiale** 124

Namenverzeichnis 132

Sachverzeichnis 134

Einleitung

Die Pseudopotentiale, mit denen wir uns hier befassen wollen, sind potentialähnliche Ausdrücke, die zur vereinfachten Darstellung der Austausch- und Korrelationswechselwirkung von Elektronen, sowie des PAULIschen Besetzungsverbotes dienen.

Die Pseudopotentiale sind aus dem Bestreben entstanden, quantentheoretische Verfahren möglichst zu vereinfachen, bzw. wenig anschauliche Begriffe in einer anschaulichen Form darzustellen. Im heutigen Zeitalter, wo mit elektronischen Rechenmaschinen enorme Rechenarbeiten in kurzer Zeit bewältigt werden, kann man sich allerdings die Frage stellen, ob Vereinfachungen überhaupt noch eine Existenzberechtigung haben, da ja die Kompliziertheit der Berechnungen mehr kaum ein Hindernis bedeutet. Diese Frage dürfte wohl dahin zu beantworten sein, daß eine vereinfachte oder anschauliche Darstellung immer berechtigt ist, wenn es zu neuen Erkenntnissen führt, oder aber auf das betreffende Gebiet eine fördernde Wirkung ausübt. Von diesem Gesichtspunkt aus betrachtet haben die Pseudopotentiale ihren Zweck voll erfüllt.

In chronologischer Reihenfolge betrachtet wurden zuerst die Besetzungsverbotpotentiale, und zwar die statistischen Ausdrücke dieser Potentiale entwickelt (HELLMANN, GOMBÁS, 1935). Diese sind dann im Laufe der Zeit weiter ausgebaut und auf verschiedene Probleme angewendet worden. Später wurden dann Besetzungsverbotpotentiale auch auf Grund der Wellenmechanik hergeleitet (FÉNYES, 1943; SZÉPFALUSY, 1955; PHILLIPS, KLEINMAN und ANTONČIK, 1959) und insbesondere auf Festkörperprobleme häufig angewendet. Es läßt sich zeigen, daß diese wellenmechanischen Pseudopotentiale für eine sehr große Elektronzahl und sehr große Elektronendichte in die schon früher hergeleiteten statistischen Pseudopotentiale übergehen.

Die Austauschpotentiale sind bedeutend später als die Besetzungsverbotpotentiale ausgearbeitet worden. Erstmalig wurde ein Austauschpotential zur Berechnung der Energie hergeleitet, die aus der Austauschwechselwirkung eines Valenzelektrons mit den Rumpfelektronen resultiert (GOMBÁS, 1942). Eine weitere Verbreitung der Anwendung der Austauschpotentiale ergab sich, als man diese zur Vereinfachung der HARTREE-FOCKschen Gleichungen entwickelt hat (SLATER, 1951; GÁSPÁR, 1954).

Als letztes unter den Pseudopotentialen wurden die Korrelationspotentiale hergeleitet (CALLAWAY, GOMBÁS, 1954). Diese spielen bei der Berechnung der Korrelationsenergie von Elektronen und bei der Erweiterung der HARTREE-FOCKschen Gleichungen eine Rolle. Infolge der Kompliziertheit der Korrelation ist es verständlich, daß diese durch die Korrelationspotentiale mit einer bedeutend geringeren Genauigkeit erfaßt werden kann als z. B. der Austausch durch die Austauschpotentiale.

I. Grundlagen

Die Pseudopotentiale wurden im wesentlichen zur Vereinfachung und Erweiterung der Grundgleichungen des self-consistent field entwickelt, was zum großen Teil auf Grund der Resultate der Theorie eines freien Elektronengases geschah. Wir geben daher im § 1 einen kurzen Überblick der Methode des self-consistent field, dem im § 2 eine Darstellung der statistischen und wellenmechanischen Behandlungsweise eines freien Elektronengases folgt. Im Anschluß hieran befassen wir uns im § 3 mit der Wechselwirkung von freien Elektronen. Zum Abschluß dieses Kapitels bringen wir im § 4 die Grundlagen und die wichtigsten Beziehungen der statistischen Behandlungsweise des Atoms, die im folgenden eine Rolle spielen.

§ 1. Die Methode des self-consistent field

1. *Einleitung.* Die Methode des self-consistent field ist die erfolgreichste Methode zur näherungsweisen Berechnung von Atomeigenfunktionen und Energieeigenwerten; sie erweist sich auch zur Behandlung zusammengesetzter Systeme (Moleküle, Kristalle) als sehr brauchbar. Die Methode wurde zuerst von HARTREE[1] ohne und dann von FOCK[2] mit Berücksichtigung des Elektronenaustausches entwickelt, dementsprechend unterscheidet man zwischen den HARTREEschen und FOCKschen Grundgleichungen des self-consistent field. Wir befassen uns im folgenden hier nur mit Atomen.

In der Methode des self-consistent field geht man von der Näherung aus, daß sich jedes Elektron in einem ausgeglichenen zentralsymmetrischen Potentialfeld des Kerns und der übrigen Elektronen bewegt. Der Zustand jedes Elektrons wird durch eine Eigenfunktion beschrieben und die Gesamteigenfunktion des Atoms wird dann aus diesen Einelektroneigenfunktionen aufgebaut. Wir bezeichnen die Anzahl der Elektronen im Atom

---

[1] D. R. HARTREE, Proc. Cambridge Phil. Soc. 24, 89, 1928, sowie The Calculation of Atomic Structure, J. Wiley and Sons Inc., New York; Chapman and Hall Ltd., London, 1957.

[2] V. FOCK, Zs. f. Phys. 61, 126, 1930.

mit N und nehmen an, daß die Elektronen im Atom die Zustände

$$\varphi_1(q), \varphi_2(q), \ldots, \varphi_N(q) \tag{1,1}$$

besetzen, wo q kurz die drei Ortskoordinaten und die Spinvariable σ zusammen bedeutet und jeder der Indices $1, 2, \ldots, N$ als Abkürzung der drei Bahnquantenzahlen und der Spinquantenzahl steht.

Die Grundlage der Methode bilden die HARTREEschen bzw. die FOCKschen Gleichungen, die die Eigenfunktionen (1,1) bestimmen. FOCK konnte zeigen[1], daß man diese Gleichungen aus einem Variationsprinzip, und zwar aus dem Verschwinden der ersten Variation der Energie des Atoms herleiten kann. Die Energie des Atoms ergibt sich als der wellenmechanische Mittelwert des Hamilton-Operators $\mathbf{H}_A$ des Atoms. Dieser gestaltet sich für ein Atom mit der Ordnungszahl Z und der Elektronenzahl N folgendermaßen

$$\mathbf{H}_A = \sum_{k=1}^{N} \mathbf{H}_k + \frac{1}{2} \sum_{j=1}^{N} \sum_{l=1}^{N}{}' \frac{e^2}{|\mathfrak{r}_j - \mathfrak{r}_l|}, \tag{1,2}$$

wo

$$\mathbf{H}_k = -\frac{h^2}{8\pi^2 m} \Delta_k - \frac{Z e^2}{r_k} \tag{1,3}$$

ist. Hier bezeichnet e die positive Elementarladung, h die PLANCKsche Konstante, m die Elektronenmasse, Δ_k den LAPLACEschen Operator bezogen auf die Koordinaten des k-ten Elektrons, $\mathfrak{r}_j$ sowie $\mathfrak{r}_l$ Ortsvektoren und schließlich r_k den Betrag von $\mathfrak{r}_k$. $\mathbf{H}_k$ bedeutet also den Hamilton-Operator bezogen auf das k-te Elektron, falls dieses unter der alleinigen Wirkung des Kernfeldes steht. Die Doppelsumme auf der rechten Seite in (1,2) repräsentiert die gegenseitige elektrostatische Wechselwirkungsenergie der Elektronen; der Strich neben dem zweiten Summenzeichen weist darauf hin, daß die Glieder mit $l = j$ auszuschließen sind.

2. *HARTREEsche Näherung.* In der HARTREEschen Näherung werden die Elektronen als voneinander unabhängig betrachtet, was damit gleichbedeutend ist, daß die HARTREEsche Eigenfunktion Φ_P des Atoms als einfaches Produkt der Einelektroneigenfunktionen (1,1) angesetzt wird. Man macht also den Ansatz

$$\Phi_P = \varphi_1(q_1) \varphi_2(q_2) \ldots \varphi_N(q_N), \tag{1,4}$$

wobei wir voraussetzen, daß die φ_i-Eigenfunktionen auf 1 normiert sind, d. h. daß die Normierungsbedingungen

$$\int \varphi_i^*(q) \varphi_i(q) \, dq = 1 \tag{1,5}$$
$$(i = 1, 2, \ldots, N)$$

---

[1] V. FOCK, Zs. f. Phys. **61**, 126, 1930.

bestehen, wo die Integration über q in der Weise zu verstehen ist, daß diese auch eine Summation über die beiden Einstellungen des Spins enthält; dies ist auch im folgenden zu beachten. Der einfache Produktansatz (1,4) genügt dem PAULI-Prinzip nicht. Das PAULI-Prinzip wird in der HARTREEschen Näherung nur insofern berücksichtigt, daß man die einzelnen Elektronenzustände $\varphi_i(q)$ mit höchstens einem Elektron besetzt.

Mit diesen Voraussetzungen ergibt sich für die Energie E des Atoms in der HARTREEschen Näherung

$$E = \int \int \ldots \int \Phi_P^* \mathbf{H}_A \Phi_P \, dq_1 \, dq_2 \ldots dq_N. \tag{1,6}$$

Nach Einsetzen des Operators $\mathbf{H}_A$ aus (1,2) erhält man

$$E = \sum_{k=1}^{N} \int \varphi_k^*(q) \, \mathbf{H} \, \varphi_k(q) \, dq - \frac{1}{2} e \sum_{j=1}^{N} \sum_{l=1}^{N} {}' \int V_{jj} \, \varphi_l^*(q) \, \varphi_l(q) \, dq \tag{1,7}$$

mit

$$V_{jj} = -e \int \frac{\varphi_j^*(q') \, \varphi_j(q')}{|\mathfrak{r} - \mathfrak{r}'|} \, dq'. \tag{1,8}$$

Hier haben wir in (1,7) von $\mathbf{H}_k$ den Index k, der sich hier auf jedes der Elektronen beziehen kann, weggelassen, und weiterhin auf der rechten Seite von (1,8) im Nenner statt $\mathfrak{r}_j$ und $\mathfrak{r}_l$ einfach $\mathfrak{r}$ und $\mathfrak{r}'$ geschrieben. V_{jj} ist das elektrostatische Potential des Elektrons im Zustand j. Das erste Glied mit der einfachen Summe auf der rechten Seite von (1,7) gibt die kinetische Energie und die elektrostatische Wechselwirkungsenergie der Elektronen mit dem Kern. Das zweite Glied mit der Doppelsumme auf der rechten Seite von (1,7) ist die gegenseitige elektrostatische Wechselwirkungsenergie der Elektronen, das Glied

$$C_{jl} = -e \int V_{jj} \, \varphi_l^*(q) \, \varphi_l(q) \, dq = e^2 \int \int \frac{|\varphi_j(q')|^2 \, |\varphi_l(q)|^2}{|\mathfrak{r} - \mathfrak{r}'|} \, dq \, dq' \tag{1,9}$$

der Doppelsumme ist die elektrostatische Wechselwirkungsenergie eines Elektrons im Zustand φ_j mit einem Elektron im Zustand φ_l.

Aus dem Verschwinden der hinsichtlich der φ_k^* vorgenommenen ersten Variation der Energie des Atoms ergeben sich bei Berücksichtigung der Nebenbedingungen (1,5) zur Bestimmung der Eigenfunktionen φ_k die HARTREEschen Gleichungen

$$\mathbf{H}\varphi_k - (V_e - V_{kk}) e \varphi_k \equiv \mathbf{H}_H \varphi_k = \varepsilon_k \varphi_k, \tag{1,10}$$
$$(k = 1, 2, \ldots, N)$$

mit dem erweiterten Hamilton-Operator

$$\mathbf{H}_H = \mathbf{H} - eV_e + eV_{kk}. \tag{1,11}$$

ε_k tritt als Folge der Nebenbedingungen (1,5) als LAGRANGEscher Multiplikator auf und ist mit dem Energieparameter identisch. V_e ist das Potential aller Elektronen des Atoms, d. h. es ist

$$V_e = \sum_{j=1}^{N} V_{jj} = -e \sum_{j=1}^{N} \int \frac{\varphi_j^*(q') \varphi_j(q')}{|\mathfrak{r} - \mathfrak{r}'|} dq' = -e \int \frac{\varrho_\sigma(q')}{|\mathfrak{r} - \mathfrak{r}'|} dq', \quad (1,12)$$

wo

$$\varrho_\sigma(q) = \sum_{j=1}^{N} \varphi_j^*(q) \varphi_j(q) \quad (1,13)$$

die Dichtefunktion der Elektronen mit vorgegebener Spinrichtung σ bezeichnet. Der in (1,10) stehende Ausdruck $V_e - V_{kk}$ stellt also das auf das k-te Elektron von den übrigen wirkende elektrostatische Potential dar.

3. *Focksche Näherung.* Eine genauere Näherung als die HARTREEsche erhält man nach FOCK[1], wenn man die Eigenfunktion des Atoms zwar wieder aus den Einelektroneigenfunktionen (1,1) aufbaut, jedoch das PAULI-Prinzip in seiner allgemeinen Formulierung berücksichtigt, wonach die Eigenfunktion der Elektronen in bezug auf die Vertauschung zweier Elektronen antisymmetrisch zu sein hat. Hierzu setzen wir die Eigenfunktion des Atoms in folgender Determinantenform an

$$\Phi_D = \frac{1}{\sqrt{N!}} \begin{vmatrix} \varphi_1(q_1) & \varphi_1(q_2) & \ldots & \varphi_1(q_N) \\ \varphi_2(q_1) & \varphi_2(q_2) & \ldots & \varphi_2(q_N) \\ \vdots & & & \\ \varphi_N(q_1) & \varphi_N(q_2) & \ldots & \varphi_N(q_N) \end{vmatrix}. \quad (1,14)$$

Durch diese Form der Eigenfunktion wird der Elektronenaustausch berücksichtigt, was gerade den Unterschied gegenüber der HARTREEschen Näherung bedeutet. Wir setzen voraus, daß hier für die Einelektroneigenfunktionen φ_i nicht nur die Normierungsbedingungen (1,5) bestehen, sondern daß die verschiedenen φ_i auch auf einander orthogonal sind. Für die φ_i bestehen also jetzt die folgenden Bedingungsgleichungen

$$\int \varphi_j^*(q) \varphi_k(q) dq = \delta_{jk}, \quad (1,15)$$

wo δ_{jk} das KRONECKERsche Symbol bedeutet.

Der Focksche Energieausdruck gestaltet sich[2] folgendermaßen

$$E = \int \int \ldots \int \Phi_D \mathbf{H}_A \Phi_D \, dq_1 dq_2 \ldots dq_N =$$

$$= \sum_{k=1}^{N} \int \varphi_k^*(q) \mathbf{H} \varphi_k(q) \, dq - \frac{1}{2} e \sum_{j=1}^{N} \sum_{l=1}^{N} \int V_{jj} \varphi_l^*(q) \varphi_l(q) \, dq + \quad (1,16)$$

$$+ \frac{1}{2} e \sum_{j=1}^{N} \sum_{l=1}^{N} \int V_{jl} \varphi_l^*(q) \varphi_j(q) \, dq,$$

---

[1] V. FOCK, Zs. f. Phys. **61**, 126, 1930.
[2] Man vgl. hierzu z. B. P. GOMBÁS, Theorie und Lösungsmethoden des wellenmechanischen Mehrteilchenproblems, S. 80 ff., Birkhäuser, Basel, 1950.

wo V_{jl} eine Verallgemeinerung von V_{jj} darstellt und folgendermaßen definiert ist

$$V_{jl} = -e \int \frac{\varphi_j^*(q')\,\varphi_l(q')}{|\mathfrak{r}-\mathfrak{r}'|}\,dq'. \tag{1,17}$$

V_{jl} geht also für $l=j$ in das durch (1,8) definierte V_{jj} über. Man kann V_{jl} als ein Potential betrachten, das von der Übergangsdichte $\varrho_{jl}(q) = \varphi_j^*(q)\,\varphi_l(q)$ herrührt.

Die zweite Doppelsumme im Energieausdruck (1,16) resultiert aus dem Elektronenaustausch. Der Focksche Energieausdruck unterscheidet sich vom Hartreeschen gerade durch die Austauschglieder. Das Glied

$$A_{jl} = e \int V_{jl}\,\varphi_l^*(q)\,\varphi_j(q)\,dq \tag{1,18}$$

der Doppelsumme ist die Austauschenergie der Elektronen in den Zuständen φ_j und φ_l.

Durch die Glieder $j=l$ der zweiten Doppelsumme in (1,16) werden die entsprechenden Glieder der ersten Doppelsumme in (1,16) gerade aufgehoben. Dies bedeutet anschaulich, daß sich die Energie der elektrostatischen Selbstwechselwirkung und die aus dem Selbstaustausch resultierende Energie der Elektronen kompensieren. Als Folge dieser Kompensation kann man in den Doppelsummen auch die Glieder mit $j=l$ aufnehmen.

Wir schreiben den Fockschen Energieausdruck noch in einer anderen Form, die im späteren von Bedeutung ist. Zu dieser gelangt man mit Hilfe der Dichtematrix

$$\varrho_\sigma(q,q') = \sum_{i=1}^{N} \varphi_i(q)\,\varphi_i^*(q'), \tag{1,19}$$

wo zu bemerken ist, daß diese für die Elektronen einer vorgegebenen Spinrichtung definiert ist. Für $q'=q$ geht die Dichtematrix in die durch (1,13) definierte Dichtefunktion der Elektronen mit derselben Spinrichtung über, es ist also $\varrho_\sigma(q,q) \equiv \varrho_\sigma(q)$.

Mit der Dichtematrix kann man den Fockschen Energieausdruck in folgender einfachen Form schreiben

$$E = \sum_{k=1}^{N} \int \varphi_k^*(q)\,\mathbf{H}\,\varphi_k(q)\,dq + \frac{1}{2}\,e^2 \int\!\!\int \frac{\varrho_\sigma(q)\,\varrho_{\sigma'}(q') - |\varrho_\sigma(q,q')|^2}{|\mathfrak{r}-\mathfrak{r}'|}\,dq\,dq'. \tag{1,20}$$

Das Glied mit dem Doppelintegral auf der rechten Seite stellt die gesamte gegenseitige Wechselwirkungsenergie der Elektronen, d. h. die Summe der gegenseitigen elektrostatischen Wechselwirkungsenergie und der Austauschenergie der Elektronen dar, und zwar ist

$$E_c = \frac{1}{2}\,e^2 \int\!\!\int \frac{\varrho_\sigma(q)\,\varrho_{\sigma'}(q')}{|\mathfrak{r}-\mathfrak{r}'|}\,dq\,dq' \tag{1,21}$$

§ 1. Die Methode des self-consistent field

die gegenseitige elektrostatische Wechselwirkungsenergie der Elektronen und

$$E_A = -\frac{1}{2} e^2 \int \int \frac{|\varrho_\sigma(q, q')|^2}{|\mathfrak{r} - \mathfrak{r}'|} dq \, dq' \qquad (1,22)$$

die Austauschenergie der Elektronen[1].

Der Zähler im Doppelintegral in (1,20), d. h. der Ausdruck

$$W_\sigma(\mathfrak{r}, \mathfrak{r}') = \varrho_\sigma(q) \varrho_\sigma(q') - |\varrho_\sigma(q, q')|^2 \qquad (1,23)$$

ist die Wahrscheinlichkeit dafür, daß sich eines der Elektronen mit der Spinrichtung σ am Ort $\mathfrak{r}$ in der Volumeneinheit und gleichzeitig ein anderes mit gleicher Spinrichtung am Ort $\mathfrak{r}'$ ebenfalls in der Volumeneinheit befindet. Dies ist leicht einzusehen, denn definitionsgemäß gibt diese Wahrscheinlichkeit für die Orte $\mathfrak{r}_1$ und $\mathfrak{r}_2$ (statt $\mathfrak{r}$ und $\mathfrak{r}'$) der Ausdruck

$$\begin{aligned}N(N-1) \int \int \ldots \int \Phi_D^* \Phi_D \, dq_3 \, dq_4 \ldots dq_N = \\ = \sum_{j=1}^{N} \sum_{l=1}^{N} [|\varphi_j(q_1)|^2 |\varphi_l(q_2)|^2 - \varphi_j^*(q_2) \varphi_l^*(q_1) \varphi_j(q_1) \varphi_l(q_2)],\end{aligned} \qquad (1,24)$$

der bei Berücksichtigung der Definitionsgleichung von $\varrho_\sigma(q)$ und $\varrho_\sigma(q, q')$ mit $W_\sigma(\mathfrak{r}, \mathfrak{r}')$ identisch ist, wenn man auf der rechten Seite von (1,24) statt $\mathfrak{r}_1$ und $\mathfrak{r}_2$ bzw. $\mathfrak{r}$ und $\mathfrak{r}'$ setzt.

Zur Bestimmung der Eigenfunktionen φ_k erhält man aus dem Verschwinden der hinsichtlich φ_k^* vorgenommenen ersten Variation des Fockschen Energieausdruckes bei Berücksichtigung der Nebenbedingungen (1,15) die nachstehenden Fockschen Gleichungen

$$\mathbf{H}\,\varphi_k(q) - e V_e \varphi_k(q) + e \sum_{j=1}^{N} V_{jk} \varphi_j(q) = \sum_{j=1}^{N} \varepsilon_{kj} \varphi_j(q), \qquad (1,25)$$
$$(k = 1, 2, \ldots, N)$$

wo die ε_{kj} zufolge der Nebenbedingungen (1,15) als Lagrangesche Multiplikatoren in Erscheinung treten und mit den Elementen der Energiematrix identisch sind.

Mit einer unitären Transformation, die die Energiematrix auf eine Diagonalform transformiert, kann man die Gleichungen (1,25) auf die folgende einfachere Form transformieren

$$\mathbf{H}\,\varphi_k(q) - e V_e \varphi_k(q) + e \sum_{j=1}^{N} V_{jk} \varphi_j(q) = \varepsilon_k \varphi_k(q), \qquad (1,26)$$
$$(k = 1, 2, \ldots, N)$$

wo wir statt ε_{kk} kurz ε_k setzten.

---

[1] Hierbei ist zu bemerken, daß in (1,21) die aus der elektrostatischen Selbstwechselwirkung und in (1,22) die aus dem Selbstaustausch resultierende Energie der Elektronen inbegriffen ist.

Der späteren halber ist es zweckmäßig, diese Gleichungen zunächst auf rein formeller Weise weiter zu vereinfachen, was mit Hilfe der Dichtematrix folgendermaßen geschehen kann. Mit Rücksicht auf (1,19) läßt sich im dritten Glied die Summe auf der linken Seite von (1,26) wie folgt schreiben

$$\sum_{j=1}^{N} V_{jk} \varphi_j(q) = -e \sum_{j=1}^{N} \int \frac{\varphi_j^*(q') \varphi_j(q)}{|\mathfrak{r} - \mathfrak{r}'|} \varphi_k(q') dq' =$$
$$= -e \int \frac{\varrho_\sigma(q, q')}{|\mathfrak{r} - \mathfrak{r}'|} \varphi_k(q') dq'. \tag{1,27}$$

Wenn man hier im Zähler und im Nenner mit $\varphi_k^*(q) \varphi_k(q)$ multipliziert, so kann man schreiben

$$\sum_{j=1}^{N} V_{jk} \varphi_j(q) = -e \int \frac{\varrho_\sigma(q, q') \varphi_k^*(q) \varphi_k(q')}{\varphi_k^*(q) \varphi_k(q)} \frac{1}{|\mathfrak{r} - \mathfrak{r}'|} dq' \varphi_k(q) = -V_a \varphi_k(q), \tag{1,28}$$

wo

$$V_a = e \int \frac{\varrho_\sigma(q, q') \varphi_k^*(q) \varphi_k(q')}{\varphi_k^*(q) \varphi_k(q)} \frac{1}{|\mathfrak{r} - \mathfrak{r}'|} dq' \tag{1,29}$$

als ein Austauschpotential betrachtet werden kann, das auf das Elektron im Zustand $\varphi_k(q)$ wirkt. Dieses Austauschpotential weist allerdings im Gegensatz zu den üblichen elektrostatischen Potentialen die Besonderheit auf, daß es auch von φ_k, d. h. der Eigenfunktion desjenigen Zustandes abhängig ist, in dem sich das Bezugselektron befindet.

Mit dem Austauschpotential lassen sich nun die FOCKschen Gleichungen in folgender einfacher Form schreiben

$$\mathbf{H} \varphi_k - e V_e \varphi_k - e V_a \varphi_k \equiv \mathbf{H}_F \varphi_k = \varepsilon_k \varphi_k \tag{1,30}$$

und man kann

$$\mathbf{H}_F = \mathbf{H} - e V_e - e V_a \tag{1,31}$$

als einen erweiterten Hamilton-Operator betrachten, der allerdings auch von φ_k abhängig ist.

Die Gleichungen von FOCK sind als eine Erweiterung der HARTREEschen zu betrachten und geben die möglichst beste Näherung, die man erreichen kann, wenn man die Gesamteigenfunktion des Atoms aus Einelektroneigenfunktionen aufbaut. Durch Vernachlässigung der Austauschglieder und der danach notwendigen Ausschaltung der elektrostatischen Selbstwechselwirkung des Elektrons geht der FOCKsche Energieausdruck in den HARTREEschen über und aus den FOCKschen Gleichungen ergeben sich die HARTREEschen.

4. *Das sukzessive Näherungsverfahren zur Lösung der Grundgleichungen.* Die Methode des self-consistent field zur Bestimmung der Eigenfunktionen φ_k und der Energieeigenwerte ε_k ist ein sukzessives Näherungsverfahren,

das sich folgendermaßen gestaltet. Wir greifen das k-te Elektron heraus, das sich im ausgeglichenen zentralsymmetrischen Potentialfeld des Kerns und der übrigen Elektronen bewegt. In nullter Näherung kann man das Feld der übrigen Elektronen, z. B. mit Hilfe von abgeschirmten Wasserstoffeigenfunktionen darstellen. Mit diesem Feld erhält man aus den HARTREEschen oder FOCKschen Gleichungen für die Eigenfunktion und den Energieeigenwert des k-ten Elektrons eine erste Näherung. Wenn man dies für jedes Elektron durchführt, gelangt man zu den φ_k-Eigenfunktionen (und Eigenwerten) der ersten Näherung. Diese Eigenfunktionen, die man kurz als Endeigenfunktionen bezeichnet, stimmen natürlich im allgemeinen mit den Eigenfunktionen der nullten Näherung, den Anfangseigenfunktionen dieses Schrittes, nicht überein. Man kann nun diese Endeigenfunktionen als Anfangseigenfunktionen betrachten und den Schritt wiederholen, wodurch man zu neuen Endeigenfunktionen gelangt. Das Verfahren wird solange wiederholt, bis sich die Eigenfunktionen reproduzieren, bis also die Endeigenfunktionen mit den Anfangseigenfunktionen desselben Schrittes übereinstimmen. Das Feld, das durch diese Verteilung erzeugt wird, hält sich also selbst aufrecht und ist somit widerspruchsfrei, man nennt es mit HARTREE self-consistent.

Diese Methode wurde mit großem Erfolg, zur Berechnung der Eigenfunktionen bzw. der Elektronenverteilung von freien Atomen und Ionen angewendet. Die Methode ist mit sehr ausgedehnten numerischen Rechnungen verbunden, die man besonders im Falle schwerer Atome nur mit entsprechenden Maschinen in absehbarer Zeit bewältigen kann, wodurch die Anwendbarkeit der Methode stark eingeschränkt wird.

5. *Grenzen der Methode. Die Korrelation.* In der Methode des self-consistent field baut man, wie schon eingangs gesagt wurde, die Eigenfunktion des Atoms aus Einelektroneigenfunktionen auf, wodurch man sich ab ovo auf eine bestimmte Näherung beschränkt.

In der HARTREEschen Näherung ist die Eigenfunktion des Atoms ein einfaches Produkt der Einelektroneigenfunktionen, was bedeutet, daß man annimmt, daß sich die Elektronen voneinander unabhängig bewegen. Dies ist sofort zu sehen, wenn man mit dem einfachen Produktansatz Φ_P der Eigenfunktion die Wahrscheinlichkeit $W_\sigma(\mathfrak{r}, \mathfrak{r}')$ berechnet ein Elektron mit der Spinrichtung σ am Ort $\mathfrak{r}$ in der Volumeneinheit und ein anderes mit gleicher Spinrichtung gleichzeitig am Ort $\mathfrak{r}'$ ebenfalls in der Volumeneinheit vorzufinden[1]. Für diese Wahrscheinlichkeit erhält man in der HARTREEschen Näherung das Produkt von $\varrho_\sigma(q)$ und $\varrho_\sigma(q')$, d. h. das Produkt der Aufenthaltswahrscheinlichkeiten eines Elektrons mit der Spinrichtung

---

[1] Daß wir hierbei die Elektronen mit parallelem und antiparallelem Spin gesondert in Betracht ziehen, ist in der HARTREEschen Näherung an sich überflüssig und geschieht nur um die Resultate für $W_\sigma(\mathfrak{r}, \mathfrak{r}')$ mit denen der FOCKschen Näherung einfacher vergleichen zu können.

σ am Ort $\mathfrak{r}$ bzw. $\mathfrak{r}'$ in der Volumeneinheit, was damit gleichbedeutend ist, daß die beiden Elektronen von einander unabhängig sind. Ein dem Sinne nach entsprechender Ausdruck ergibt sich für $W(\mathfrak{r}, \mathfrak{r}')$ auch dann, wenn die Spine der beiden hervorgehobenen Elektronen zueinander antiparallel stehen.

In der Fockschen Näherung bewegen sich die Elektronen mit parallelem Spin voneinander nicht unabhängig, wie dies aus dem mit der Determinanteneigenfunktion (1,14) berechneten Ausdruck (1,23) für $W_\sigma(\mathfrak{r}, \mathfrak{r}')$ zu sehen ist. Nach diesem wird in der Fockschen Näherung die Wahrscheinlichkeit dafür, daß man ein Elektron mit der Spinrichtung σ am Ort $\mathfrak{r}$ in der Volumeneinheit und gleichzeitig ein anderes mit der gleichen Spinrichtung am Ort $\mathfrak{r}'$ ebenfalls in der Volumeneinheit vorfindet, gegenüber dem Wert $\varrho_\sigma(q) \cdot \varrho_\sigma(q')$ der Hartreeschen Näherung um $|\varrho_\sigma(q, q')|^2$ vermindert. In der Fockschen Näherung bestehen also zwischen den Elektronen mit parallelem Spin wellenmechanisch-statistische Beziehungen, die in dem Elektronenaustausch zum Ausdruck kommen, aus dem im Ausdruck von $W_\sigma(\mathfrak{r}, \mathfrak{r}')$ das Glied $|\varrho_\sigma(q, q')|^2$ resultiert. Diese Wechselbeziehungen haben nichts zu tun mit der elektrostatischen Wechselwirkung der Elektronen und bestehen in der Fockschen Näherung auch schon bei Vernachlässigung der elektrostatischen Wechselwirkung in der nullten Näherung. Zwischen den Elektronen mit antiparallelem Spin bestehen auch in der Fockschen Näherung keine Wechselbeziehungen dieser Art, da zwischen Elektronen mit antiparallelem Spin kein Austausch stattfindet; für diese ergibt sich also für $W(\mathfrak{r}, \mathfrak{r}')$ in der Fockschen Näherung derselbe Ausdruck wie in der Hartreeschen.

Außer dieser Wechselbeziehung der Elektronen mit parallelem Spin existiert zwischen den Elektronen noch eine weitere von der gegenseitigen Spineinstellung unabhängige Wechselbeziehung, die aus der gegenseitigen elektrostatischen Abstoßung der Elektronen resultiert, der zufolge die Elektronen bestrebt sind, sich voneinander in möglichst großer Entfernung aufzuhalten. Diese Wechselbeziehung zwischen den Elektronen nennt man Korrelation und die aus dieser Wechselbeziehung resultierende Energie nennt man Korrelationsenergie. Diese für ein Atom oder Molekül mit mehr als zwei Elektronen zu berechnen ist ein sehr schwieriges Problem. Man muß hierzu für die Eigenfunktion des Gesamtsystems einen Ansatz machen, der in den Koordinaten der einzelnen Elektronen nicht mehr separierbar ist, d. h. der nicht mehr aus Einelektroneigenfunktionen aufgebaut ist. Die Berechnung der Korrelationsenergie der einfachsten Atome und Moleküle geschieht fast durchweg mit Hilfe des Variationsverfahrens in der Weise, daß man für die Eigenfunktion des Atoms oder Moleküls einen Variationsansatz macht, der nicht nur von den Koordinaten der einzelnen Elektronen, sondern auch von entsprechend gewählten Potenzen der gegenseitigen Elektronenabstände, z. B. $|\mathfrak{r}_i - \mathfrak{r}_k|$, sowie von den Größen $r_i + r_k$

und $r_i - r_k$ abhängt¹. Die im Variationsansatz der Eigenfunktion eingehenden Variationsparameter werden aus der Minimumsforderung der Energie des Atoms oder Moleküls festgelegt. Der Unterschied der so erhaltenen Energie im Verhältnis zur Energie der FOCKschen Näherung ist die Korrelationsenergie.

In der Methode des self-consistent field ist die Korrelation der Elektronen nicht enthalten, da in dieser Methode die Eigenfunktion des Atoms oder des zusammengesetzten atomaren Systems aus Einelektroneigenfunktionen aufgebaut wird. Von den beiden Näherungen des self-consistent field, der HARTREEschen und der FOCKschen Näherung ist die FOCKsche die genauere und zugleich die beste, die man mit Einelektroneigenfunktionen, d. h. ohne der Korrelation der Elektronen erreichen kann. Wenn man außer dem Elektronenaustausch auch die Korrelation der Elektronen in Betracht zieht, so geht man mit der Näherung über die FOCKsche Näherung hinaus.

§ 2. Elektronengas freier Elektronen

Im folgenden befassen wir uns mit den Grundlagen und wichtigsten Resultaten der Theorie eines freien Elektronengases am absoluten Nullpunkt der Temperatur. Zunächst bringen wir eine elementare statistische Behandlungsweise des Elektronengases, mit der man die wichtigsten Resultate der Theorie, so auch die Gruppierung der Elektronen nach der Nebenquantenzahl sehr einfach gewinnt. Danach folgt eine wellenmechanische Behandlung des freien Elektronengases, und zwar auf Grund der Dichtematrix. Die hier gewonnenen Resultate bilden die Grundlage der statistischen Pseudopotentiale.

1. *Statistische Behandlungsweise des Elektronengases, am absoluten Nullpunkt der Temperatur.* Grundlagen. Die statistische Behandlung eines Elektronengases[2] gründet sich auf die Statistik von FERMI[3] und DIRAC[4], die auf der Nichtunterscheidbarkeit der Elektronen und auf dem PAULI-Prinzip beruht. Nach dem PAULI-Prinzip kann bekanntlich jeder Quantenzustand höchstens von einem Elektron besetzt werden, wobei der Quanten-

---

[1] Man vgl. z. B. P. GOMBÁS, Theorie und Lösungsmethoden des wellenmechanischen Mehrteilchenproblems, Birkhäuser, Basel, 1950. Seither spielt bei der Berechnung der Korrelationsenergie auch eine Entwicklung der Eigenfunktion nach Determinanteneigenfunktionen vom Typ (1,14) (Konfigurationswechselwirkung) eine immer größere Rolle, worauf wir jedoch hier nicht eingehen können.

[2] Bezüglich einer ausführlichen Darstellung dieser Probleme vgl. man z. B. P. GOMBÁS, Die statistische Theorie des Atoms und ihre Anwendungen, Springer, Wien, 1949, im folgenden als I zitiert, sowie den Beitrag von P. GOMBÁS in FLÜGGES Handbuch der Physik **36/2**, S. 108—231, Springer, Berlin-Göttingen-Heidelberg, 1956, im folgenden als II zitiert.

[3] E. FERMI, Zs. f. Phys. **36**, 902, 1926.

[4] P. A. M. DIRAC, Proc. Roy. Soc. London (A) **112**, 661, 1926.

zustand durch den Zustand der Bahnbewegung des Elektrons und durch das Vorzeichen des Spins definiert ist. Die Brücke zwischen Quantentheorie und Statistik wird durch den bekannten Satz gegeben, daß auf das Volumen h^3 des Phasenraumes bei Berücksichtigung des Elektronenspins 2 Quantenzustände entfallen, die sich nur durch die entgegengesetzte Spinrichtung unterscheiden. Es kann also im Phasenraum eine Elementarzelle vom Volumen h^3 höchstens von den Bildpunkten zweier Elektronen oder, kürzer ausgedrückt, von zwei Elektronen besetzt werden.

Wir befassen uns im folgenden mit einem Elektronengas von N freien Elektronen, das sich in einem Volumen Ω befindet, von dessen Wänden wir annehmen, daß sie für Elektronen undurchlässig sind. Die Elektronen betrachten wir als frei, wir nehmen also an, daß in Ω ein konstantes elektrisches Potential herrscht, das wir gleich 0 setzen können.

Im Falle sehr tiefer Temperaturen, auf den wir uns hier beschränken, kommt die FERMI-DIRACsche Statistik nur durch die Bedingung zur Anwendung, daß sich in einer Elementarzelle vom Volumen h^3 höchstens zwei Elektronen befinden können. Bei sehr tiefen Temperaturen besetzen die Elektronen die energetisch möglichst tiefsten Quantenzustände, die man folgendermaßen beschreiben kann. Voraussetzungsgemäß ist in dem Raum, in dem sich die Elektronen befinden, das Potential Null, die Energie u eines Elektrons enthält also nur den kinetischen Anteil, und es wird

$$u = \frac{1}{2} m v^2 = \frac{p^2}{2m}, \qquad (2,1)$$

wo v den Geschwindigkeitsbetrag und p den Impulsbetrag des Elektrons bezeichnen. u ist also eine Funktion von v bzw. p und hängt vom Ort nicht ab. Man kann sich daher bei der Bestimmung der Verteilung der Elektronen im Phasenraum auf den Impulsraum beschränken. Wegen der Kräftefreiheit des Raumes sind alle Bewegungsrichtungen der Elektronen gleichberechtigt; da außerdem die Energie des Elektrons nur vom Betrag p des Impulses abhängt, von der Impulsrichtung aber unabhängig ist, sind die energetisch tiefsten Quantenzustände in einer Kugel des Impulsraumes enthalten, deren Zentrum der Koordinatenursprung des Impulsraumes ist und deren Radius p_μ den Betrag des maximalen Impulses der Elektronen darstellt. Jeder dieser energetisch tiefsten Quantenzustände ist am absoluten Nullpunkt der Temperatur maximal mit einem Elektron besetzt, alle Quantenzustände außerhalb der Kugel sind leer.

Die Bestimmung von p_μ kann folgendermaßen geschehen. Den N Elektronen im Volumen Ω entspricht das Phasenraumvolumen $\Omega\, 4\pi p_\mu^3/3$. Durch Division mit $h^3/2$ erhält man hieraus die Anzahl der Quantenzustände, die mit der Anzahl der Elektronen N gleich ist. Aus diesem Zusammenhang ergibt sich für p_μ

$$p_\mu = \frac{1}{2}\left(\frac{3}{\pi}\right)^{1/3} h\, \varrho^{1/3}, \qquad (2,2)$$

§ 2. Elektronengas freier Elektronen

wo

$$\varrho = \frac{N}{\Omega} \tag{2,3}$$

die Dichte des Elektronengases bedeutet.

Mit p_μ folgt für die maximale Energie eines Elektrons

$$u_\mu = \frac{p_\mu^2}{2m} = \frac{1}{8}\left(\frac{3}{\pi}\right)^{2/3}\frac{h^2}{m}\varrho^{2/3} = \frac{1}{2}(3\pi^2)^{2/3} e^2 a_0 \varrho^{2/3}, \tag{2,4}$$

a_0 bezeichnet den ersten BOHRschen Wasserstoffradius. Alle Quantenzustände mit einer Energie $\leq u_\mu$ sind voll besetzt und alle übrigen Quantenzustände sind leer.

Mit Rücksicht auf diese sehr einfache Verteilung der Elektronen und mit Rücksicht auf die Definitionsgleichung der Dichte $\varrho = N/\Omega$ sowie auf die Beziehung (2,4) ergibt sich für die mittlere Energie u_m der Elektronen

$$u_m = \frac{1}{N}\int u\, dQ = \frac{3}{5} u_\mu = \varkappa_k \varrho^{2/3} \tag{2,5}$$

mit der Konstanten

$$\varkappa_k = \frac{3}{10}(3\pi^2)^{2/3}\frac{h^2}{4\pi^2 m} = \frac{3}{10}(3\pi^2)^{2/3} e^2 a_0 = 2{,}871\, e^2 a_0. \tag{2,6}$$

Hier bedeutet $dQ = [4\pi\Omega(2m)^{3/2}/h^3]\, u^{1/2} du$ die Anzahl der Quantenzustände, denen eine Energie zwischen u und $u+du$ entspricht, die Integration ist auf alle vollbesetzten Quantenzustände, d. h. von $u=0$ bis $u=u_\mu$, auszudehnen.

Für die kinetische Energie des Elektronengases pro Volumeneinheit, die wir mit U_D bezeichnen, erhält man mit (2,5)

$$U_D = \varrho u_m = \varkappa_k \varrho^{5/3}. \tag{2,7}$$

Man nennt U_D auch die Nullpunktsenergie des Elektronengases pro Volumeneinheit, da diese Energie auch noch am absoluten Nullpunkt der Temperatur vorhanden ist[1].

Gruppierung der Elektronen nach der Nebenquantenzahl. Die Elektronen des freien Elektronengases kann man nach der Nebenquantenzahl l gruppieren, was sich der späteren halber als wichtig erweist. Diese Gruppierung kann man auf zwei verschiedenen Wegen, und zwar sowohl auf Grund einer sehr anschaulichen elementaren statistischen Betrachtungsweise als auch auf Grund einer Reihenentwicklung der Dichtematrix durchführen, womit wir uns im Abschnitt 3 befassen. Hier wollen wir die Gruppierung der Elektronen auf elementarem Wege vornehmen.

---

[1] Dieser Energieausdruck bleibt auch noch im Grenzfall eines einzelnen Elektrons sinnvoll. Man vgl. hierzu H. HELLMANN, Acta Physicochimica U.R.S.S. **1**, 913, 1935.

Wir gehen wieder von unserem freien Elektronengas im Grundzustand aus, das sich im Volumen Ω befindet und aus N Elektronen besteht. Die Gruppierung der Elektronen nach der Nebenquantenzahl l geschieht auf Grund des Zusammenhanges, der den Betrag M des Drehimpulses eines Elektrons quantisiert. Danach ist

$$M = r\,p_k = k\frac{h}{2\pi}, \qquad (2,8)$$

woraus für die azimutale Impulskomponente

$$p_k = k\frac{h}{2\pi r} \qquad (2,9)$$

folgt, wo k die azimutale Quantenzahl bezeichnet. Für diese hat man gemäß dem Kompromiß zwischen der halbklassischen statistischen Betrachtungsweise und der Wellenmechanik die halbzahligen Werte $k = l + \tfrac{1}{2}$ zu setzen. Es sei noch erwähnt, daß in (2,8) $r = |\mathfrak{r}|$ die Entfernung des Elektrons vom Koordinatenursprung bedeutet, der für das freie Elektronengas beliebig gewählt werden kann.

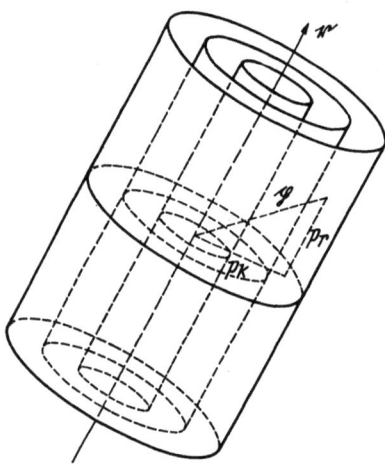

Abb. 1. Zur Aufteilung des Impulsraumes.

Wir ziehen die am Ort $\mathfrak{r}$ im Teilvolumen $d\Omega$ befindlichen dN Elektronen in Betracht, die nach (2,2) im Impulsraum eine Impulskugel vom Radius $p_\mu = \frac{1}{2}\left(\frac{3}{\pi}\right)^{1/3} h\varrho^{1/3}$ besetzen, wo $\varrho = dN/d\Omega = N/\Omega$ die als konstant vorausgesetzte Elektronendichte bedeutet. Auf Grund der Beziehung (2,8) nehmen wir nun eine Einteilung des Impulsraumes durch ein System von koaxialen Zylinderflächen vor, dessen Achse mit dem Ortsvektor $\mathfrak{r}$ des Raumelementes $d\Omega$ zusammenfällt[1]. Für die Radien der Zylinderquerschnitte setzen wir gemäß (2,8)

$$p_l = l\frac{h}{2\pi r}. \qquad (2,10)$$
$$(l = 0, 1, 2, \ldots)$$

Man vgl. hierzu Abb. 1. Es enthalten so beginnend von innen die aufeinanderfolgenden Zylinderschalen die Bildpunkte der s-, p-, d-, ... Elektronen.

---

[1] Diese Einteilung stammt von FERMI, man vgl. E. FERMI, Zs. f. Phys. 48, 73, 1928.

§ 2. Elektronengas freier Elektronen

Wenn wir die Anzahl der in $d\Omega$ befindlichen Elektronen mit der Nebenquantenzahl l mit dN_l und das von diesen beanspruchte Impulsvolumen, d. h. das von den Elektronen besetzte Volumen der l-ten Zylinderschale, mit τ_l bezeichnen, so ist

$$\tau_l \, d\Omega = \frac{h^3}{2} dN_l. \tag{2,11}$$

Wenn wir weiterhin die maximale radiale Impulskomponente der Elektronen in der l-ten Zylinderschale mit $p_{r\mu}$ bezeichnen, so hat man

$$\tau_l = 2 p_{r\mu} (p_{l+1}^2 - p_l^2) \pi = (2l+1) h^2 \frac{p_{r\mu}}{2\pi r^2}. \tag{2,12}$$

Durch Einsetzen dieses Ausdruckes in (2,11) folgt die wichtige Beziehung

$$p_{r\mu} = \frac{\pi h}{2l+1} r^2 \varrho_l = \frac{h}{4(2l+1)} D_l, \tag{2,13}$$

wo

$$\varrho_l = \frac{dN_l}{d\Omega} \tag{2,14}$$

die Dichte der Elektronen mit der Nebenquantenzahl l und

$$D_l = 4\pi r^2 \varrho_l \tag{2,15}$$

die radiale Dichte dieser Elektronen bezeichnet. Nach (2,13) ist also an einem Ort der maximale radiale Impuls der Elektronen mit der Nebenquantenzahl l zur radialen Dichte derselben Elektronen proportional.

Mit Rücksicht darauf, daß p_k und $p_{r\mu}$ die aufeinander senkrechten Komponenten des maximalen Impulsvektors $\mathfrak{p}_\mu$ sind, folgt für $p_{r\mu}$

$$p_{r\mu} = (p_\mu^2 - p_k^2)^{1/2}. \tag{2,16}$$

Hieraus ergibt sich mit Rücksicht auf (2,13) und auf die Definition von p_k für D_l der Ausdruck

$$D_l = 4\pi r^2 \varrho_l = 2(2l+1) \frac{2}{h} \left[p_\mu^2 - \left(l+\frac{1}{2}\right)^2 \frac{h^2}{4\pi^2 r^2} \right]^{1/2}, \tag{2,17}$$

den man mit Hilfe des Zusammenhanges (2,2) auch in folgender Form schreiben kann

$$D_l = 4\pi r^2 \varrho_l = 2(2l+1) \frac{1}{\pi} \left[(3\pi^2 \varrho)^{2/3} - \frac{(l+\frac{1}{2})^2}{r^2} \right]^{1/2}. \tag{2,18}$$

Sowohl diese Ausdrücke für D_l als auch der Ausdruck (2,16) für $p_{r\mu}$ sind nur für solche Werte von r gültig, für welche die Ausdrücke unter der Wurzel ≥ 0 sind. Für r-Werte, für welche die Ausdrücke unter der Wurzel < 0 sind, d. h. in der Umgebung von $r = 0$, hat man $D_l \equiv 0$ sowie $p_{r\mu} \equiv 0$ zu setzen. Der Wert von p_k und somit auch der Verlauf von D_l hängt natürlich von dem Punkt ab, auf welchen wir das Drehmoment beziehen und der in unserem Falle mit dem Ursprung des Koordinatensystems zusammenfällt.

Wir wollen nun noch bei einem vorgegebenen Wert von r die gesamte Dichte berechnen, indem wir ϱ_l bei diesem r-Wert über alle möglichen Werte von l summieren, d. h. über l von $l=0$ bis zu einem maximalen Wert l_μ integrieren, für den die Wurzel in (2,17) verschwindet; größere Werte als l_μ kommen nicht in Frage, da ϱ_l nicht imaginär werden kann. Man erhält

$$\varrho = \sum_l \varrho_l = \int_0^{l_\mu} \varrho_l \, dl = \frac{1}{\pi h r^2} \int_0^{l_\mu} \left[p_\mu^2 - \left(l + \frac{1}{2}\right)^2 \frac{h^2}{4\pi^2 r^2} \right]^{1/2} (2l+1) \, dl = \\ = \frac{8\pi}{3 h^3} \left(p_\mu^2 - \frac{1}{4} \frac{h^2}{4\pi^2 r^2} \right)^{3/2}. \qquad (2,19)$$

Abgesehen von einer Korrektion ist der so gewonnene Zusammenhang mit (2,2) identisch. Die Korrektion besteht darin, daß auf der rechten Seite in (2,19) in der Klammer neben p_μ^2 das Glied $\frac{1}{4} \frac{h^2}{4\pi^2 r^2}$ steht, das zufolge der halbzahligen Wahl von k aus der restlichen azimutalen Impulskomponente für $l=0$ resultiert. Der Ausdruck (2,19) für ϱ hat ebenfalls nur für solche Werte von r Gültigkeit, für welche der Ausdruck auf der rechten Seite unter der Wurzel ≥ 0 ist, für r-Werte, für die dieser Ausdruck <0 wird, d. h. in der Umgebung von $r=0$, ist $\varrho \equiv 0$ zu setzen, was beim statistischen Atommodell von Bedeutung ist.

Wir wollen uns noch mit der kinetischen Energie der Elektronen mit der Nebenquantenzahl l befassen. Für die maximale radiale kinetische Energie eines Elektrons mit der Nebenquantenzahl l erhält man

$$u_{r\mu}^l = \frac{p_{r\mu}^2}{2m} = \frac{4\pi^4 \gamma^2}{(2l+1)^2} (r^2 \varrho_l)^2 = \frac{\pi^2 \gamma^2}{4(2l+1)^2} D_l^2, \qquad (2,20)$$

wo γ^2 die Konstante

$$\gamma^2 = \frac{h^2}{8\pi^2 m} = \frac{1}{2} e^2 a_0 \qquad (2,21)$$

bezeichnet. Der azimutale Anteil der kinetischen Energie eines Elektrons mit der Nebenquantenzahl l wird mit Rücksicht auf (2,9)

$$u_a^l = \frac{p_k^2}{2m} = \frac{h^2}{8\pi^2 m} \frac{k^2}{r^2} = \gamma^2 \frac{k^2}{r^2} = \gamma^2 \frac{(l+\frac{1}{2})^2}{r^2}. \qquad (2,22)$$

Für die gesamte maximale kinetische Energie u_μ^l eines Elektrons mit der Nebenquantenzahl l folgt also

$$u_\mu^l = \frac{4\pi^4 \gamma^2}{(2l+1)^2} (r^2 \varrho_l)^2 + \gamma^2 \frac{k^2}{r^2}. \qquad (2,23)$$

Die mittlere kinetische Energie u_m^l eines Elektrons mit der Nebenquantenzahl l ergibt sich folgendermaßen

$$u_m^l = \frac{1}{N_l} \int \frac{p^2}{2m} dQ = \frac{1}{N_l} \int \frac{1}{2m} (p_r^2 + p_k^2) \, dQ, \qquad (2,24)$$

§ 2. Elektronengas freier Elektronen

wo p_r die radiale Impulskomponente und N_l die Anzahl der Elektronen mit der Nebenquantenzahl l bezeichnen und weiterhin

$$dQ = \frac{2}{h^3}\Omega\,(p_{l+1}^2 - p_l^2)\,\pi\,dp_r \tag{2,25}$$

die Anzahl der Quantenzustände mit der Nebenquantenzahl l ist, für die der radiale Impuls zwischen p_r und $p_r + dp_r$ liegt. Die Integration über Q bzw. über p_r ist von $-p_{r\mu}$ bis $+p_{r\mu}$ auszudehnen. Mit Rücksicht darauf, daß $N_l = (p_{l+1}^2 - p_l^2)\,\pi\,2\,p_{r\mu}\,\Omega\,2/h^3$ ist, erhält man

$$u_m^l = \frac{1}{2m}\left(\frac{1}{3}p_{r\mu}^2 + p_k^2\right) = \frac{4\pi^4\gamma^2}{3(2l+1)^2}(r^2\varrho_l)^2 + \gamma^2\frac{k^2}{r^2}, \tag{2,26}$$

wo das erste Glied auf der rechten Seite den radialen und das zweite den azimutalen Anteil darstellt.

Die durch (2,24) und (2,25) gegebene Definition von u_m^l entspricht der Annahme, daß wir allen Elektronen in der Zylinderschale im Impulsraum mit dem inneren Radius p_l und dem äußeren Radius p_{l+1} durchweg den mittleren azimutalen Impuls $p_k = (l+\tfrac{1}{2})h/(2\pi r)$ zuschreiben, wodurch der azimutale Anteil von u_m^l zu $k^2 = (l+\tfrac{1}{2})^2$ proportional wird, das den Anschluß an die allgemeine halbklassische Betrachtungsweise, z. B. an das halbklassische WENTZEL-KRAMERS-BRILLOUIN-Verfahren sicherstellt.

Für die kinetische Energiedichte der Elektronen mit der Nebenquantenzahl l ergibt sich mit u_m^l

$$U_D^l = u_m^l\,\varrho_l = \frac{4\pi^4\gamma^2}{3(2l+1)^2}r^4\varrho_l^3 + \gamma^2\frac{k^2}{r^2}\varrho_l, \tag{2,27}$$

wo auf der rechten Seite das erste Glied die radiale und das zweite die azimutale Energiedichte repräsentiert.

Man hätte bei der Berechnung von u_m^l auch so vorgehen können, daß man in der Zylinderschale im Impulsraum mit dem inneren Radius p_l und dem äußeren Radius p_{l+1} nicht allen Elektronen durchweg den azimutalen Impuls p_k und dementsprechend die azimutale kinetische Energie $p_k^2/2m$ zuschreibt, sondern u_m^l als ein statistisches Mittel definiert, in welchem man auch über die azimutale Impulskomponente p_φ mittelt[1]. Es wird dann

$$u_m^l = \frac{1}{N_l}\int\frac{1}{2m}(p_r^2 + p_\varphi^2)\,dq \tag{2,28}$$

mit

$$dq = \frac{2}{h^3}\Omega\,2\pi\,p_\varphi\,dp_\varphi\,dp_r, \tag{2,29}$$

wo die Integration jetzt auch auf p_φ von p_l bis p_{l+1} auszudehnen ist. Es ergibt sich so

$$u_m^l = \frac{1}{2m}\left[\frac{1}{3}p_{r\mu}^2 + \frac{1}{2}(p_l^2 + p_{l+1}^2)\right] = \frac{4\pi^4\gamma^2}{3(2l+1)^2}(r^2\varrho_l)^2 + \gamma^2\frac{k^2+\tfrac{1}{4}}{r^2} \tag{2,30}$$

und

---

[1] P. GOMBÁS, l. c. II. S. 148 ff.

$$U^l{}_D = \frac{4\,\pi^4\,\gamma^2}{3\,(2\,l+1)^2}\,r^4\varrho_l{}^3 + \gamma^2\,\frac{k^2+\frac{1}{4}}{r^2}\,\varrho_l. \tag{2,31}$$

Der Unterschied gegenüber (2,26) bzw. (2,27) besteht also darin, daß jetzt in den azimutalen Anteilen $k^2+\frac{1}{4}$ statt k^2 steht. Dies ist für größere l-Werte unbedeutend und macht sich nur bei s-Zuständen ($l=0$) bemerkbar, was sich jedoch bei den im späteren behandelten Anwendungen ebenfalls als unwesentlich erweist. Bezüglich der folgenden Anwendungen ist es also praktisch belanglos, ob man die Ausdrücke mit k^2 oder $k^2+\frac{1}{4}$ für die azimutalen Anteile der kinetischen Energie zugrunde legt. Wir entscheiden uns für die Ausdrücke mit k^2, da diese einen besseren Anschluß an die übliche halbklassische Behandlungsweise geben, bei der konsequent $k=l+\frac{1}{2}$ beibehalten wird.

2. *Wellenmechanische Behandlung des freien Elektronengases. Dichtematrix.* Grundlagen. Die mit der statistischen Behandlungsweise des Elektronengases erhaltenen grundlegenden Beziehungen für ein freies Elektronengas sowie die Gruppierung der Elektronen nach der Nebenquantenzahl kann man auch auf Grund einer wellenmechanischen Behandlungsweise des freien Elektronengases gewinnen, womit wir uns in diesem Abschnitt befassen wollen. Zur wellenmechanischen Behandlung unseres freien Elektronengases im Grundzustand nehmen wir an, daß die N Elektronen im Volumen Ω die $n=N/2$ Bahnzustände tiefster Energie, die wir durch die nur von den Raumkoordinaten abhängigen Eigenfunktionen

$$\psi_1(\mathfrak{r}_1),\,\psi_2(\mathfrak{r}_2),\ldots,\psi_n(\mathfrak{r}_n) \tag{2,32}$$

beschreiben[1], doppelt besetzen. Es befinden sich demnach in jedem Bahnzustand zwei Elektronen, deren Spine zueinander antiparallel stehen. Das N-Elektronsystem zerfällt also in zwei Schwärme von je $n=N/2$ Elektronen, von denen der eine Schwarm die Elektronen mit positivem Spin und der andere die Elektronen mit negativem Spin enthält.

Die Eigenfunktionen der freien Elektronen sind ebene Wellen; man hat also

$$\psi_j = \frac{1}{\sqrt{\Omega}}\,e^{\frac{2\pi i}{h}(\mathfrak{p}_j,\mathfrak{r})} = \frac{1}{\sqrt{\Omega}}\,e^{i(\mathfrak{f}_j,\mathfrak{r})}, \tag{2,33}$$
$$(j=1,\,2,\,\ldots,\,n)$$

wo $\mathfrak{p}_j$ den Impulsvektor und $\mathfrak{f}_j = (2\pi/h)\,\mathfrak{p}_j$ den Ausbreitungsvektor des j-ten Zustandes bezeichnen. Diese Eigenfunktionen erfüllen die Randbedingungen, nach welchen die ψ_j an den Randflächen des Volumens verschwinden müssen, nicht. Jedoch wenn wir annehmen, daß Ω sehr groß ist, so kann man die Randbedingungen praktisch schon durch eine kleine Modifikation der Eigenfunktionen (2,32) erfüllen, die darin besteht,

---

[1] Es ist hier zu beachten, daß im Gegensatz zu den Eigenfunktionen $\varphi_k(q)$ im § 1, in den nur von den Raumkoordinaten abhängigen Eigenfunktionen $\psi_k(\mathfrak{r})$ der Index k nur auf den Bahnzustand hinweist, d. h. nur die drei Quantenzahlen des Bahnzustandes (ohne die Spinquantenzahl) repräsentiert.

daß man z. B. ψ_j über einen infinitesimalen Bereich des Impulsvektors $\mathfrak{p}_j$ integriert, wodurch erreicht werden kann, daß ψ_j im Unendlichen (d. h. an den Randflächen des als groß vorausgesetzten Volumens Ω) verschwindet.

Der Zusammenhang der wellenmechanischen Betrachtungsweise mit der statistischen wird dadurch hergestellt, daß im Grundzustand, d. h. beim absoluten Nullpunkt der Temperatur, auf den wir uns hier beziehen, die Endpunkte der Impulsvektoren $\mathfrak{p}_1, \mathfrak{p}_2, \ldots, \mathfrak{p}_n$ der Elektronen in die verschiedenen Impulsraumzellen der im Abschnitt 1 dieses Paragraphen besprochenen Impulskugel fallen. Dadurch, daß die Endpunkte der Impulsvektoren in verschiedenen Impulszellen liegen, kommt die Orthogonalität der zu verschiedenen Zuständen, d. h. Impulsvektoren gehörenden Eigenfunktionen zum Ausdruck.

Die wellenmechanische Behandlungsweise des freien Elektronengases führen wir auf Grund der Dichtematrix durch, denn dadurch bekommt man einen sehr engen Anschluß an die statistische Behandlungsweise. Die Dichtematrix für die Elektronen mit der Spinrichtung σ ist folgendermaßen definiert

$$\varrho_\sigma(\mathfrak{r}, \mathfrak{r}') = \sum_{j=1}^{n} \psi_j(\mathfrak{r}) \psi_j^*(\mathfrak{r}'). \tag{2,34}$$

Da in unserem Fall die Bahnzustände doppelt besetzt sind, kann σ sowohl die positive als die negative Spinrichtung bedeuten; die Dichtematrix der beiden Elektronenschwärme ist also in unserem Fall dieselbe.

Die Dichtematrix in geschlossener Form. Wir berechnen nun die Dichtematrix für freie Elektronen, indem wir in (2,34) die Eigenfunktionen (2,32) einsetzen. Wenn man die Summation über j durch eine Integration über den Impuls- bzw. Ausbreitungsvektor ersetzt, so erhält man

$$\varrho_\sigma(\mathfrak{r}, \mathfrak{r}') = \frac{1}{\Omega} \int_{|\mathfrak{p}| \leq p_\mu} e^{\frac{2\pi i}{h}(\mathfrak{p}, \mathfrak{r}-\mathfrak{r}')} \frac{\Omega}{h^3} d\mathfrak{p} = \frac{1}{(2\pi)^3} \int_{|\mathfrak{k}| \leq k_\mu} e^{i(\mathfrak{k}, \mathfrak{r}-\mathfrak{r}')} d\mathfrak{k}, \tag{2,35}$$

wo $k_\mu = (2\pi/h) p_\mu$ ist. Da in die Dichtematrix die beiden durch die Ortsvektoren $\mathfrak{r}$ und $\mathfrak{r}'$ definierten Raumpunkte eingehen und p_μ bzw. k_μ im allgemeinen ortsabhängig ist, haben wir noch darüber zu entscheiden, auf welchen der beiden Raumpunkte wir p_μ bzw. k_μ in (2,35) beziehen. Wir definieren p_μ bzw. k_μ für den Ort $\mathfrak{r}$ und nehmen an, daß $\mathfrak{r}$ und $\mathfrak{r}'$ nahe zueinander liegen, oder aber daß sich p_μ und k_μ von Ort zu Ort nur wenig ändern.

Die Integration in (2,35) über $\mathfrak{k}$ läßt sich einfach durchführen[1], wenn man im $\mathfrak{k}$-Raum die räumlichen Polarkoordinaten k, ϑ und φ einführt, wo ϑ den Winkel zwischen $\mathfrak{k}$ und $\mathfrak{r}-\mathfrak{r}'$ bezeichnet und das Azimut φ in

---

[1] PER OLOF FRÖMAN, Arkiv för Fysik **5**, 135, 1952.

der zu $\mathfrak{r}-\mathfrak{r}'$ senkrechten Ebene in üblicher Weise definiert ist. Die Durchführung der Integration über ϑ und φ führt zu folgendem Resultat

$$\varrho_\sigma(\mathfrak{r},\mathfrak{r}') = \frac{1}{2\pi^2} \frac{1}{|\mathfrak{r}-\mathfrak{r}'|} \int_0^{k_\mu} [\sin(k\,|\mathfrak{r}-\mathfrak{r}'|)]\,k\,dk. \qquad (2,36)$$

Die Integration über k ergibt für die Dichtematrix den Ausdruck

$$\varrho_\sigma(\mathfrak{r},\mathfrak{r}') = \frac{k_\mu^3}{6\pi^2}\,3\,\frac{\sin\zeta - \zeta\cos\zeta}{\zeta^3}, \qquad (2,37)$$

wo

$$\zeta = k_\mu\,|\mathfrak{r}-\mathfrak{r}'| \qquad (2,38)$$

ist.

Im Falle $\mathfrak{r}' \to \mathfrak{r}$, d. h. $\zeta \to 0$ erhält man aus (2,37) ein wichtiges Resultat. Da in unserem Spezialfall $\varrho_\sigma(\mathfrak{r},\mathfrak{r})$ mit der Hälfte der gesamten Elektronendichte $\varrho(\mathfrak{r})$ am Ort $\mathfrak{r}$ gleich ist, folgt aus (2,37) der Zusammenhang

$$\varrho_\sigma(\mathfrak{r},\mathfrak{r}) = \frac{1}{2}\varrho(\mathfrak{r}) = \frac{k_\mu^3}{6\pi^2}, \qquad (2,39)$$

der mit Rücksicht auf die Beziehung $k_\mu = (2\pi/h)\,p_\mu$ mit dem mit Hilfe der statistischen Behandlungsweise hergeleiteten grundlegenden Zusammenhang (2,2) identisch ist.

Mit (2,39) erhält man aus (2,37) für die Dichtematrix den Ausdruck

$$\varrho_\sigma(\mathfrak{r},\mathfrak{r}') = \varrho_\sigma(\mathfrak{r})\,3\,\frac{\sin\zeta - \zeta\cos\zeta}{\zeta^3}, \qquad (2,40)$$

der in unserem Fall für beide Elektronenschwärme gilt.

Die Dichtematrix in Reihendarstellung. Außer der im vorangehenden Abschnitt behandelten geschlossenen Darstellung der Dichtematrix für freie Elektronen existiert noch eine Reihendarstellung, mit Hilfe der man unmittelbar die Gruppierung der Elektronen nach der Nebenquantenzahl erhält. Zu dieser Reihenentwicklung der Dichtematrix gelangt man folgendermaßen[1]. Wir gehen vom Ausdruck (2,35) der Dichtematrix aus und entwickeln in diesem $e^{i(\mathfrak{k},\mathfrak{r})}$ in der folgenden bekannten Weise[2] in eine Reihe

$$e^{i(\mathfrak{k},\mathfrak{r})} = (2\pi)^{3/2} \sum_{l=0}^{\infty} \sum_{m=-l}^{l} i^l \frac{1}{(kr)^{1/2}} J_{l+\frac{1}{2}}(kr)\,Y_{lm}^*(\mathfrak{r})\,Y_{lm}(\mathfrak{k}), \qquad (2,41)$$

wo $J_{l+\frac{1}{2}}$ die BESSELsche Funktion mit dem Index $l+\frac{1}{2}$ bezeichnet und Y_{lm} die Kugelflächenfunktion in der üblichen Bezeichnung darstellt[3];

---

[1] S. GOLDEN, Phys. Rev. **110**, 1349, 1958.
[2] Man vgl. z. B. G. N. WATSON, A Treatise on the Theory of Bessel Functions, 2. Aufl., Cambridge Univ. Press, Cambridge, 1952.
[3] In den Argumenten von Y_{lm} und Y_{lm}^* haben wir statt der sphärischen Winkelkoordinaten, die die Richtung von $\mathfrak{k}$ und $\mathfrak{r}$ determinieren, zur Abkürzung die Vektoren gesetzt.

§ 2. Elektronengas freier Elektronen

l kann mit der Nebenquantenzahl und m mit der magnetischen Quantenzahl der Elektronen identifiziert werden. Wir entwickeln nun im Ausdruck (2,35) der Dichtematrix auch $e^{-i(\mathfrak{k},\mathfrak{r}')}$ in eine ähnliche Reihe und integrieren den so erhaltenen komplizierten Ausdruck zunächst über die Winkeln im $\mathfrak{k}$-Raum. Mit Rücksicht darauf, daß die Kugelflächenfunktionen orthonormiert sind, entstehen große Vereinfachungen, und man erhält

$$\varrho_\sigma(\mathfrak{r},\mathfrak{r}') = \sum_{l=0}^{\infty} \sum_{m=-l}^{l} \frac{1}{(rr')^{1/2}} Y^*_{lm}(\mathfrak{r}) Y_{lm}(\mathfrak{r}') \int_0^{k_\mu} J_{l+\frac{1}{2}}(kr) J_{l+\frac{1}{2}}(kr') \, k\,dk. \quad (2,42)$$

Dieser Ausdruck läßt sich mit dem Additionstheorem der Kugelflächenfunktionen noch weiter umformen. Nach diesem Theorem gilt

$$\sum_{m=-l}^{l} Y^*_{lm}(\mathfrak{r}) Y_{lm}(\mathfrak{r}') = \frac{2l+1}{4\pi} P_l(\cos\gamma), \quad (2,43)$$

wo P_l das l-te LEGENDREsche Polynom ist und γ den Winkel zwischen $\mathfrak{r}$ und $\mathfrak{r}'$ bezeichnet.

Mit diesem Zusammenhang erhält man aus (2,42)

$$\varrho_\sigma(\mathfrak{r},\mathfrak{r}') = \frac{1}{4\pi} \frac{1}{(rr')^{1/2}} \sum_{l=0}^{\infty} (2l+1) P_l(\cos\gamma) \int_0^{k_\mu} J_{l+\frac{1}{2}}(kr) J_{l+\frac{1}{2}}(kr') \, k\,dk. \quad (2,44)$$

Die Dichtematrix läßt sich also als eine unendliche Reihe darstellen. In dieser Reihendarstellung repräsentiert das Glied mit dem Summationsindex l denjenigen Teil der Dichtematrix, der von den Elektronen mit der Nebenquantenzahl l und der Spinrichtung σ herrührt.

Für $\mathfrak{r}' \to \mathfrak{r}$ und somit $\gamma \to 0$ ergibt sich aus der Dichtematrix die Dichtefunktion des in Betracht gezogenen Schwarmes, die in unserem Falle mit der Hälfte der gesamten Dichte, d. h. mit $\frac{1}{2}\varrho(\mathfrak{r})$ gleichzusetzen ist. Es wird somit

$$\varrho(r) = \frac{1}{4\pi r^2} \sum_{l=0}^{\infty} 2(2l+1) r \int_0^{k_\mu} J^2_{l+\frac{1}{2}}(kr) \, k\,dk =$$
$$= \frac{1}{4\pi r^2} \sum_{l=0}^{\infty} 2(2l+1) \frac{1}{2} k_\mu^2 \, r \left[J^2_{l+\frac{1}{2}}(k_\mu r) - J_{l-\frac{1}{2}}(k_\mu r) J_{l+\frac{3}{2}}(k_\mu r) \right]. \quad (2,45)$$

Aus diesem Ausdruck der Elektronendichte ist unmittelbar zu sehen, daß diese in Teildichten ϱ_l der Elektronen mit der Nebenquantenzahl l zerfällt, und zwar ist

$$\varrho_l = \frac{1}{4\pi r^2} 2(2l+1) r \int_0^{k_\mu} J_{l+\frac{1}{2}}^2(kr) \, k \, dk =$$

$$= \frac{1}{4\pi r^2} 2(2l+1) \frac{1}{2} \frac{y^2}{r} \left[J_{l+\frac{1}{2}}^2(y) - J_{l-\frac{1}{2}}(y) J_{l+\frac{3}{2}}(y) \right] = \quad (2,46)$$

$$= \frac{1}{4\pi r^2} 2(2l+1) \frac{1}{2} \frac{y^2}{r} \left[\frac{1}{2} J_{l-\frac{1}{2}}^2(y) + J_{l+\frac{1}{2}}^2(y) + \frac{1}{2} J_{l+\frac{3}{2}}^2(y) - 2 \frac{(l+\frac{1}{2})^2}{y^2} J_{l+\frac{1}{2}}^2(y) \right],$$

wo wir zur Abkürzung

$$k_\mu r = y \quad (2,47)$$

setzten. Der dritte Ausdruck in (2,46) folgt aus dem zweiten mit Hilfe der Beziehung[1] $J_{l-\frac{1}{2}}(y) + J_{l+\frac{3}{2}}(y) = 2(l+\frac{1}{2}) J_{l+\frac{1}{2}}(y)/y$.

Der späteren halber geben wir hier die ϱ_l für $l = 0, 1, 2$ und 3 als Funktion von y explicite an:

$$\varrho_0 = \frac{1}{4\pi r^2} \frac{2}{\pi} \frac{y}{r} \left(1 - \frac{1}{y} \sin y \cos y \right), \quad (2,48)$$

$$\varrho_1 = \frac{1}{4\pi r^2} \frac{6}{\pi} \frac{y}{r} \left(1 + \frac{1}{y} \sin y \cos y - \frac{2}{y^2} \sin^2 y \right), \quad (2,49)$$

$$\varrho_2 = \frac{1}{4\pi r^2} \frac{10}{\pi} \frac{y}{r} \left[1 + \left(\frac{12}{y^3} - \frac{1}{y} \right) \sin y \cos y - \frac{6}{y^4} \sin^2 y - \frac{6}{y^2} \cos^2 y \right], \quad (2,50)$$

$$\varrho_3 = \frac{1}{4\pi r^2} \frac{14}{\pi} \frac{y}{r} \left[1 + \left(\frac{180}{y^5} - \frac{60}{y^3} + \frac{1}{y} \right) \sin y \cos y - \left(\frac{90}{y^6} - \frac{60}{y^4} + \frac{12}{y^2} \right) \sin^2 y - \frac{90}{y^4} \cos^2 y \right]. \quad (2,51)$$

Wie dies aus (2,45) unmittelbar folgt und auch durch direkte Summierung[2] der Teildichten (2,46) von $l = 0$ bis $l = \infty$ gezeigt werden kann, ergibt sich hier

$$\varrho = \sum_{l=0}^{\infty} \varrho_l = \frac{1}{3\pi^2} \frac{y^3}{r^3} = \frac{1}{3\pi^2} k_\mu^3. \quad (2,52)$$

Diese Beziehung ist mit Rücksicht auf den Zusammenhang $k_\mu = (2\pi/h) p_\mu$ mit (2,2) identisch und enthält im Gegensatz zur Summe (2,19) der im vorangehenden Abschnitt auf Grund elementarer statistischer Betrachtungen hergeleiteten Teildichten keinerlei Korrektion.

Die hier gewonnenen Ausdrücke (2,46) für ϱ_l sind von dem im vorangehenden Abschnitt mit Hilfe elementarer Betrachtungen hergeleiteten

---

[1] Man vgl. z. B. E. JAHNKE und F. EMDE, Funktionentafeln mit Formeln und Kurven, S. 165, Teubner, Leipzig und Berlin, 1909.
[2] Hierbei ist es zweckmäßig, vom dritten Ausdruck (2,45) auszugehen. Die nötigen Summen-Formeln sind an folgender Stelle zu finden: I. M. RYSHIK und I. S. GRADSTEIN, Summen-, Produkt- und Integraltafeln, 2. Aufl., S. 336, Deutscher Verlag der Wissenschaften, Berlin, 1963.

§ 2. Elektronengas freier Elektronen

Ausdruck (2,17) grundverschieden. Wir wollen nun zeigen, daß für eine große Anzahl von Elektronen sowie große Elektronendichten die hier gewonnenen Ausdrücke für ϱ_l in den Ausdruck (2,17) übergehen und sich auch der zwischen $p_{r\mu}$ und ϱ_l bestehende Zusammenhang (2,13) ergibt.

Wir legen den folgenden Ausdruck für ϱ_l zugrunde

$$\varrho_l = \frac{1}{4\pi r^2} 2(2l+1) \frac{1}{2} k_\mu^2 \, r \left[\frac{1}{2} J_{l-\frac{1}{2}}^2(k_\mu r) + J_{l+\frac{1}{2}}^2(k_\mu r) + \right. \\ \left. + \frac{1}{2} J_{l+\frac{3}{2}}^2(k_\mu r) - \frac{2(l+\frac{1}{2})^2}{k_\mu^2 r^2} J_{l+\frac{1}{2}}^2(k_\mu r) \right] \quad (2,53)$$

und wollen untersuchen, wie sich dieser für den Fall $k_\mu r \gg l \gg 1$ gestaltet.

Hierzu gehen wir von dem für $x \gg p$ gültigen nachstehenden Ausdruck[1] für $J_p(x)$ aus

$$J_p(x) = \left(\frac{2}{\pi x}\right)^{1/2} \frac{1}{\left[1-\left(\frac{p}{x}\right)^2\right]^{1/4}} \cos\left\{ x\left[1-\left(\frac{p}{x}\right)^2\right]^{1/2} - p \arccos\frac{p}{x} - \frac{\pi}{4} \right\}. \quad (2,54)$$

Durch eine Entwicklung nach Potenzen von p/x, die man nach den Gliedern mit $(p/x)^2$ abbricht, ergibt sich

$$J_p(x) = \left(\frac{2}{\pi x}\right)^{1/2} \left[1 + \frac{1}{4}\left(\frac{p}{x}\right)^2\right] \cos\left\{ x\left[1 + \frac{1}{2}\left(\frac{p}{x}\right)^2\right] - \frac{2p+1}{4}\pi \right\}. \quad (2,55)$$

Für $J_{p+1}(x)$ erhält man für den Fall $x \gg p$ einen ähnlichen Ausdruck mit dem Unterschied, daß statt $\cos\{\ldots\}$ jetzt $\sin\{\ldots\}$ und in den Korrektionsgliedern statt $(p/x)^2$ jetzt $[(p+1)/x]^2$ steht. Wir wollen nun in beiden Ausdrücken in den Korrektionsgliedern mit $(p/x)^2$ bzw. $[(p+1)/x]^2$ den Mittelwert $[(p+\frac{1}{2})/x]^2$ setzen, das nur eine Vernachlässigung von Gliedern von der Ordnung $1/x^2 = 1/(k_\mu r)^2$ im Verhältnis zu 1 bedeutet, was voraussetzungsgemäß gerechtfertigt ist. Mit diesen unbedeutenden Vernachlässigungen ergibt sich

$$J_p^2(x) + J_{p+1}^2(x) = \frac{2}{\pi x}\left[1 + \frac{1}{2}\frac{(p+\frac{1}{2})^2}{x^2}\right]. \quad (2,56)$$

Wenn wir die ersten drei Glieder in der eckigen Klammer auf der rechten Seite von (2,53) folgendermaßen schreiben

$$\frac{1}{2} J_{l-\frac{1}{2}}^2(k_\mu r) + \frac{1}{2} J_{l+\frac{1}{2}}^2(k_\mu r) + \frac{1}{2} J_{l+\frac{1}{2}}^2(k_\mu r) + \frac{1}{2} J_{l+\frac{3}{2}}^2(k_\mu r), \quad (2,57)$$

so können wir diese Summe mit Hilfe von (2,56) sofort berechnen, indem wir (2,56) für $x = k_\mu r$ einerseits auf die ersten beiden Glieder mit $p = l - \frac{1}{2}$ und andererseits auf die letzten beiden Glieder mit $p = l + \frac{1}{2}$ anwenden. Es ergibt sich so für die Summe (2,57)

---

[1] E. JAHNKE und F. EMDE, Funktionentafeln mit Formeln und Kurven, S. 102, Teubner, Leipzig und Berlin, 1909.

$$\frac{2}{\pi k_\mu r}\left[1+\frac{1}{4}\frac{l^2+(l+1)^2}{k_\mu^2 r^2}\right] \simeq \frac{2}{\pi k_\mu r}\left[1+\frac{1}{2}\frac{(l+\tfrac{1}{2})^2}{k_\mu^2 r^2}\right], \qquad (2,58)$$

wobei wir auf der rechten Seite statt $\tfrac{1}{2}[l^2+(l+1)^2]$ den Ausdruck $(l+\tfrac{1}{2})^2$ gesetzt haben, das wieder nur eine Vernachlässigung von einem Glied von der Größenordnung $1/x^2=1/(k_\mu r)^2$ im Verhältnis zu 1 bedeutet, was in unserem Fall unwesentlich ist.

Das letzte Glied in der eckigen Klammer auf der rechten Seite in (2,53) ist im Verhältnis zu den übrigen von zweiter Ordnung klein, da es den Faktor $(l+\tfrac{1}{2})^2/(k_\mu r)^2$ enthält. In diesem Glied kann man daher für $J_{l+\tfrac{1}{2}}(k_\mu r)$ den Ausdruck (2,55) mit $x=k_\mu r$, $p=l+\tfrac{1}{2}$ und $p/x = (l+\tfrac{1}{2})/(k_\mu r) = 0$ setzen.

Man erhält somit für den Fall $k_\mu r \gg l \gg 1$ für ϱ_l den Ausdruck

$$\varrho_l = \frac{1}{4\pi r^2} 2(2l+1)\frac{1}{2}k_\mu^2 r \left\{\frac{2}{\pi k_\mu r}\left[1+\frac{1}{2}\frac{(l+\tfrac{1}{2})^2}{k_\mu^2 r^2}\right]-\right.$$
$$\left.-\frac{2}{\pi k_\mu r}\frac{2(l+\tfrac{1}{2})^2}{k_\mu^2 r^2}\cos^2\left(k_\mu r-\frac{l+1}{2}\pi\right)\right\}. \qquad (2,59)$$

Wenn wir hier noch im Korrektionsglied den zwischen 0 und 1 mit sehr kleiner Wellenlänge[1] oscillierenden Faktor $\cos^2(\ldots)$ durch dessen Mittelwert $1/2$ ersetzen, so folgt

$$\varrho_l = \frac{1}{4\pi r^2}2(2l+1)\frac{1}{\pi}k_\mu\left[1-\frac{1}{2}\frac{(l+\tfrac{1}{2})^2}{k_\mu^2 r^2}\right] \simeq$$
$$\simeq \frac{1}{4\pi r^2}2(2l+1)\frac{1}{\pi}k_\mu\left[1-\frac{(l+\tfrac{1}{2})^2}{k_\mu^2 r^2}\right]^{1/2}, \qquad (2,60)$$

wobei wir den Ausdruck $1-(l+\tfrac{1}{2})^2/(2k_\mu^2 r^2)$ durch $[1-(l+\tfrac{1}{2})^2/(k_\mu^2 r^2)]^{1/2}$ ersetzten, was in unserem Fall, wo man von Gliedern, die von höherer Ordnung als $(l+\tfrac{1}{2})^2/(k_\mu r)^2$ klein sind, absehen kann, gestattet ist. Es ergibt sich so für D_l der Ausdruck

$$D_l = 4\pi r^2 \varrho_l = 2(2l+1)\frac{1}{\pi}\left[k_\mu^2 - \frac{(l+\tfrac{1}{2})^2}{r^2}\right]^{1/2} =$$
$$= \frac{4(2l+1)}{h}\left[p_\mu^2 - \left(l+\frac{1}{2}\right)^2\left(\frac{h}{2\pi r}\right)^2\right]^{1/2}, \qquad (2,61)$$

der mit (2,17) übereinstimmt.

In (2,61) bedeutet $(l+\tfrac{1}{2})h/(2\pi r)$ die azimutale Impulskomponente p_k mit der in der halbklassischen statistischen Betrachtungsweise üblichen halbzahligen azimutalen Quantenzahl $k=l+\tfrac{1}{2}$. Man hat also

$$D_l = \frac{4(2l+1)}{h}(p_{\mu}^2 - p_k^2)^{1/2} = \frac{4(2l+1)}{h}p_{r\mu}, \qquad (2,62)$$

wo $p_{r\mu}$ den maximalen radialen Impuls der Elektronen mit der Nebenquantenzahl l bezeichnet. Der Zusammenhang (2,62) ist mit der Beziehung

---

[1] Die Wellenlänge λ steht nämlich mit der als sehr groß vorausgesetzten Elektronendichte ϱ im folgenden Zusammenhang $\lambda = 2\pi/k_\mu = 2\pi/(3\pi^2\varrho)^{1/3}$.

(2,13) identisch, die wir dort mit elementaren statistischen Methoden hergeleitet haben.

§ 3. Wechselwirkung der Elektronen eines freien Elektronengases

Zur Berechnung der Wechselwirkungsenergie unseres freien Elektronengases im Grundzustand gehen wir von denselben Voraussetzungen aus wie im Abschnitt 2 des vorangehenden Paragraphen bei der wellenmechanischen Behandlung des freien Elektronengases. Wir nehmen also wieder an, daß die Elektronen im Volumen Ω die $n = N/2$ Bahnzustände tiefster Energie, die wir durch die nur von den Raumkoordinaten abhängigen Eigenfunktionen $\psi_1(\mathfrak{r}_1), \psi_2(\mathfrak{r}_2), \ldots, \psi_n(\mathfrak{r}_n)$ beschreiben, doppelt besetzen. Für diese Eigenfunktionen setzen wir wieder die ebenen Wellen (2,33).

Wir wollen nun die Wechselwirkung, insbesondere die Wechselwirkungsenergie der Elektronen unseres freien Elektronengases berechnen. Die Wechselwirkung von Elektronen zerfällt in die elektrostatische Wechselwirkung, in die aus dem Elektronenaustausch resultierende sogenannte Austauschwechselwirkung und schließlich in die Wechselwirkung, die man kurz als Korrelation bezeichnet. Mit der elektrostatischen und Austauschwechselwirkung haben wir uns schon im § 1 im Rahmen der Methode des self-consistent field befaßt. Man bezeichnet diese beiden Wechselwirkungen auch als Wechselwirkungen erster Ordnung, da man sie auch aus der Störungsenergie erster Ordnung gewinnen kann, falls man die Wechselwirkung der Elektronen, d. h. den Teil des Hamilton-Operators (1,2), der die Doppelsumme enthält, als Störung betrachtet. Die Korrelation ist in diesem Sinne als Wechselwirkung zweiter und höherer Ordnung zu betrachten. Wir gehen nun zur Berechnung der einzelnen Wechselwirkungsenergien über, und zwar ist bezüglich einiger Pseudopotentiale besonders die Austauschenergie und Korrelationsenergie des Elektronengases von Interesse.

1. *Elektrostatische Wechselwirkungsenergie.* Der allgemeine Ausdruck der elektrostatischen Wechselwirkungsenergie von Elektronen ist in § 1.2 und § 1.3 angegeben. Im vorliegenden Fall eines Elektronengases von freien Elektronen ist die Dichteverteilung der Elektronen in Ω konstant und man erhält für die elektrostatische Wechselwirkungsenergie das bekannte klassische Resultat.

2. *Austauschenergie.* Die Berechnung der Austauschenergie unseres freien Elektronengases gestaltet sich folgendermaßen[1]: Für zwei Elek-

---

[1] Die Austauschenergie eines freien Elektronengases wurde zuerst von F. BLOCH (Zs. f. Phys. **57**, 545, 1929) und später auf eine sehr einfache Weise von H. BETHE (Geiger-Scheels Handbuch der Physik, 2. Aufl., 24/2, S. 484 und 485, Springer, Berlin, 1933) berechnet. Unsere im folgenden gegebene Betrachtungsweise schließt sich eng an die von BETHE an.

tronen, die sich in den Zuständen mit gleicher Spinrichtung ψ_j und ψ_l befinden, erhält man gemäß (1,18) für die Austauschenergie

$$A_{jl} = e \int V_{jl} \varrho_{lj} dv, \qquad (3,1)$$

wo wir mit ϱ_{lj} die Übergangsdichte

$$\varrho_{lj} = \psi_l^*(\mathfrak{r}) \psi_j(\mathfrak{r}) = \frac{1}{\Omega} e^{\frac{2\pi i}{h}(\mathfrak{p}_j - \mathfrak{p}_l, \mathfrak{r})} \qquad (3,2)$$

bezeichneten und V_{jl} entsprechend (1,17) folgendermaßen definiert ist

$$V_{jl}(\mathfrak{r}) = -e \int \frac{\varrho_{jl}(\mathfrak{r}')}{|\mathfrak{r} - \mathfrak{r}'|} dv'; \qquad (3,3)$$

dv und dv' sind die Volumenelemente am Ort $\mathfrak{r}$ bzw. $\mathfrak{r}'$. Da man V_{jl} als das Potential der Verteilung $\varrho_{jl} = \varrho_{lj}^*$ betrachten kann, besteht die POISSONsche Gleichung

$$\Delta V_{jl}(\mathfrak{r}) = 4 e \pi \varrho_{jl}, \qquad (3,4)$$

aus der man mit Rücksicht auf (3,2)

$$V_{jl} = -\frac{h^2 e}{\pi |\mathfrak{p}_j - \mathfrak{p}_l|^2} \varrho_{jl} = -\frac{h^2 e}{\pi |\mathfrak{p}_j - \mathfrak{p}_l|^2} \varrho_{lj}^* \qquad (3,5)$$

erhält. Nach Einsetzen des zweiten Ausdruckes für V_{jl} in (3,1) ergibt sich sofort

$$A_{jl} = -\frac{h^2 e^2}{\Omega \pi |\mathfrak{p}_j - \mathfrak{p}_l|^2}. \qquad (3,6)$$

Die gesamte Austauschenergie des einen Schwarmes erhält man, wenn man A_{jl} über alle möglichen Kombinationen j, l summiert. Wir summieren zunächst über alle Werte von l, d. h. wir berechnen zunächst die Austauschenergie η_a^j, die aus der Austauschwechselwirkung eines Elektrons mit dem Impulsbetrag p_j mit allen übrigen Elektronen des Schwarmes (und sich selbst) resultiert.

Die Summation führen wir auf Grund der statistischen Betrachtungsweise durch, indem wir die Summation über j und l durch zwei Integrationen ersetzen, das folgendermaßen geschehen kann. Wenn man den Betrag von $\mathfrak{p}_j$ und $\mathfrak{p}_l$ mit p_j bzw. p_l und den Winkel zwischen $\mathfrak{p}_j$ und $\mathfrak{p}_l$ mit ϑ bezeichnet, dann ist $|\mathfrak{p}_j - \mathfrak{p}_l|^2 = p_j^2 + p_l^2 - 2 p_j p_l \cos \vartheta$. Wir führen nun im Impulsraum ein Polarkoordinatensystem ein, als dessen Achse wir $\mathfrak{p}_j$ wählen. Die Anzahl der Quantenzustände, die von den Elektronen eines Schwarmes besetzt werden, deren Impulsrichtung zwischen ϑ und $\vartheta + d\vartheta$ und deren Impulsbetrag zwischen p_l und $p_l + dp_l$ fällt, ist

$$dQ = \frac{2\pi \Omega}{h^3} p_l^2 \sin \vartheta \, dp_l \, d\vartheta, \qquad (3,7)$$

§ 3. Wechselwirkung der Elektronen eines freien Elektronengases

wobei man zu beachten hat, daß sich im Phasenraum in den vollbesetzten Elementarzellen vom Volumen h^3 nur je ein Elektron des betreffenden Schwarmes befindet. Die Summierung von A_{jl} über l, d. h. die Integration über die durch die Elektronen des betreffenden Schwarmes besetzten Quantenzustände ergibt für η_a^j

$$\eta_a^j = \sum_{l=1}^{n} A_{jl} = -\frac{2e^2}{h} \int_0^{p_\mu} dp_l\, p_l^2 \int_0^{\pi} \frac{\sin\vartheta\, d\vartheta}{p_j^2 + p_l^2 - 2p_j p_l \cos\vartheta} = -\frac{4p_\mu e^2}{h} F(\xi) \quad (3,8)$$

mit

$$F(\xi) = \frac{1}{2} + \frac{1}{4}\frac{1-\xi^2}{\xi}\ln\left|\frac{1+\xi}{1-\xi}\right|, \quad \xi = \frac{p_j}{p_\mu}. \quad (3,9)$$

Der Verlauf von $F(\xi)$ ist in Abb. 2 dargestellt.

Die gesamte Austauschenergie des Schwarmes erhält man, wenn man η_a^j noch über j summiert und zur Vermeidung der doppelten Zählung der Elektronenpaare durch 2 dividiert. Die Summation führen wir wieder

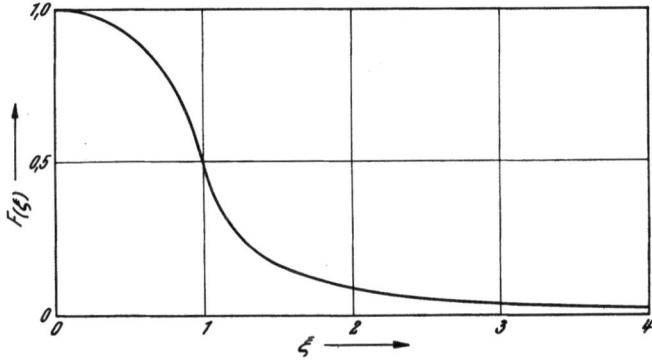

Abb. 2. Die Funktion $F(\xi)$.

auf Grund der statistischen Betrachtungsweise durch, indem wir η_a^j mit $(4\pi\Omega/h^3)\, p_j^2\, dp_j$ multiplizieren und über p_j von 0 bis p_μ integrieren. Auf diese Weise erhält man für die Austauschenergie des einen Schwarmes nach einfacher Rechnung

$$\frac{1}{2}\sum_{j=1}^{n}\eta_a^j = \frac{1}{2}\sum_{j,l=1}^{n} A_{jl} = -\frac{2\pi e^2 \Omega}{h^4} p_\mu^4. \quad (3,10)$$

Gerade so groß ist die Austauschenergie des anderen Schwarmes.

Für die Austauschenergie A_D aller N Elektronen pro Volumeneinheit folgt also mit Rücksicht auf den Zusammenhang (2,2)

$$A_D = -\frac{4\pi e^2}{h^4} p_\mu^4 = -\varkappa_a \varrho^{4/3} \quad (3,11)$$

mit der Konstanten

$$\varkappa_a = \frac{3}{4}\left(\frac{3}{\pi}\right)^{1/3} e^2 = 0{,}7386\, e^2. \tag{3,12}$$

Hierbei sei bemerkt, daß in diesem Ausdruck auch die aus dem Selbstaustausch der Elektronen resultierende Energie enthalten ist.

Die Austauschenergie eines freien Elektronengases läßt sich auch auf eine andere sehr anschauliche Weise berechnen[1]. Hierzu legen wir wieder die Focksche Näherung zugrunde und gehen vom Ausdruck (1,23) für $W_\sigma(\mathfrak{r}, \mathfrak{r}')$, d. h. der Wahrscheinlichkeit dafür aus, daß sich eines der Elektronen mit der Spinrichtung σ am Ort $\mathfrak{r}$ in der Volumeneinheit und gleichzeitig ein anderes mit gleicher Spinrichtung am Ort $\mathfrak{r}'$ ebenfalls in der Volumeneinheit befindet. $W_\sigma(\mathfrak{r}, \mathfrak{r}')$ hat nach (1,23) für unser Elektronengas, in welchem die energetisch tiefsten $n = N/2$ Zustände (2,32) doppelt besetzt sind, für beide Schwärme folgende Gestalt

$$W_\sigma(\mathfrak{r}, \mathfrak{r}') = \varrho_\sigma(\mathfrak{r})\, \varrho_\sigma(\mathfrak{r}') - |\varrho_\sigma(\mathfrak{r}, \mathfrak{r}')|^2, \tag{3,13}$$

wo in unserem Fall für beide Schwärme die Ausdrücke

$$\varrho_\sigma(\mathfrak{r}) = \sum_{i=1}^{n} |\psi_i(\mathfrak{r})|^2 \quad \text{und} \quad \varrho_\sigma(\mathfrak{r}, \mathfrak{r}') = \sum_{i=1}^{n} \psi_i(\mathfrak{r})\, \psi_i^*(\mathfrak{r}') \tag{3,14}$$

gelten.

Wenn man $W_\sigma(\mathfrak{r}, \mathfrak{r}')$ durch die Aufenthaltswahrscheinlichkeit eines Elektrons in der Volumeneinheit am Ort $\mathfrak{r}'$, d. h. durch $\varrho_\sigma(\mathfrak{r}')$ dividiert, so erhält man die Wahrscheinlichkeit $w_\sigma(\mathfrak{r}, \mathfrak{r}')$ am Ort $\mathfrak{r}$, im Abstand $|\mathfrak{r} - \mathfrak{r}'|$ vom hervorgehobenen Elektron in der Volumeneinheit ein Elektron desselben Schwarmes vorzufinden. Man hat also

$$w_\sigma(\mathfrak{r}, \mathfrak{r}') = \varrho_\sigma(\mathfrak{r}) \left[1 - \frac{|\varrho_\sigma(\mathfrak{r}, \mathfrak{r}')|^2}{\varrho_\sigma(\mathfrak{r})\, \varrho_\sigma(\mathfrak{r}')} \right]. \tag{3,15}$$

Wir wollen nun diesen Ausdruck für unser freies Elektronengas berechnen. Für $\varrho_\sigma(\mathfrak{r})$ und $\varrho_\sigma(\mathfrak{r}')$ haben wir definitionsgemäß

$$\varrho_\sigma(\mathfrak{r}) = \varrho_\sigma(\mathfrak{r}') = \frac{1}{2}\varrho = \frac{1}{2}\frac{N}{\Omega}. \tag{3,16}$$

Weiterhin gilt nach (2,40) für die Dichtematrix $\varrho_\sigma(\mathfrak{r}, \mathfrak{r}')$ der Ausdruck

$$\varrho_\sigma(\mathfrak{r}, \mathfrak{r}') = \varrho_\sigma\, 3\, \frac{\sin\zeta - \zeta\cos\zeta}{\zeta^3} \tag{3,17}$$

mit

$$\zeta = k_\mu |\mathfrak{r} - \mathfrak{r}'| = (6\pi^2 \varrho_\sigma)^{1/3} |\mathfrak{r} - \mathfrak{r}'|. \tag{3,18}$$

Nach Einsetzen dieser Ausdrücke in (3,15) erhält man w_σ als Funktion von $|\mathfrak{r}''| = |\mathfrak{r} - \mathfrak{r}'|$. Um diesen Ausdruck möglichst zu vereinfachen, verlegen wir den Ursprung des Koordinatensystems an den Ort des einen

---

[1] Diese stammt von E. WIGNER und F. SEITZ, Phys. Rev. **43**, 804, 1933; **46**, 509, 1934.

§ 3. Wechselwirkung der Elektronen eines freien Elektronengases   29

Bezugselektrons z. B. in den Endpunkt von $\mathfrak{r}'$. Es wird dann $\mathfrak{r}' = 0$ und $|\mathfrak{r}''| = |\mathfrak{r}| = r$, und man erhält aus (3,15) für die Wahrscheinlichkeit, in der Entfernung r vom herausgegriffenen Elektron in der Volumeneinheit ein anderes mit gleicher Spinrichtung zu finden,

$$w_\sigma(r) = \varrho_\sigma [1 - \lambda(r)] \tag{3,19}$$

mit

$$\lambda(r) = 9 \left[\frac{\sin\frac{r}{a} - \frac{r}{a}\cos\frac{r}{a}}{\left(\frac{r}{a}\right)^3} \right]^2, \tag{3,20}$$

wo

$$a = \frac{1}{k_\mu} = \frac{1}{(6\pi^2 \varrho_\sigma)^{1/3}} = \frac{1}{(3\pi^2 \varrho)^{1/3}} \tag{3,21}$$

ist. In Abb. 3 haben wir $w_\sigma(r)/\varrho_\sigma$ als Funktion von r/a dargestellt. Aus dem Verlauf dieser Funktion sieht man, daß die Verteilung der Elektronen mit gleichgerichtetem Spin nicht konstant ist, sondern, daß die mittlere Dichte dieser Elektronen für $r = 0$ verschwindet, mit wachsendem r ansteigt und erst in größerer Entfernung vom herausgegriffenen Elektron einen praktisch konstanten Wert erreicht.

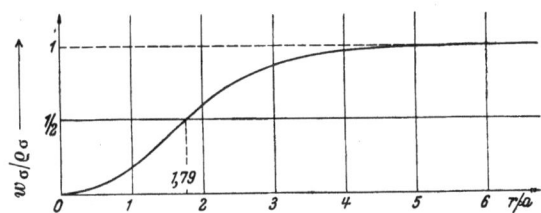

Abb. 3. w_σ/ϱ_σ als Funktion von r/a.

In der Umgebung jedes Elektrons ist also die Dichte der Elektronen mit derselben Spinrichtung wie die des hervorgehobenen Elektrons wesentlich kleiner als im Fall einer konstanten Verteilung, es entsteht also in der Dichteverteilung der Elektronen mit gleichgerichtetem Spin in der Umgebung jedes Elektrons ein „Loch". Dies führt zu einer Verminderung der elektrostatischen potentiellen Energie der Elektronen gegenüber denjenigem Wert dieser Energie, den man für einen durchweg konstanten Wert von ϱ_σ erhält, da man vom Potential, mit dem die übrigen Elektronen auf ein herausgegriffenes Elektron wirken, den aus dem Loch resultierenden Potentialanteil in Abzug zu bringen hat. Diese Verminderung der elektrostatischen Wechselwirkungsenergie der Elektronen ist mit der Austauschenergie der Elektronen des betreffenden Schwarmes identisch. Mit Rücksicht auf (3,19) erhält man für die elektrostatische Energieverminderung des gesamten Elektronengases pro Volumeneinheit

$$A_D = -\frac{1}{2} e^2 \frac{N}{\Omega} \varrho_\sigma \int_0^\infty \lambda(r) \frac{1}{r} 4\pi r^2 \, dr = -\frac{3}{4}\left(\frac{3}{\pi}\right)^{1/3} e^2 \frac{N}{\Omega} (2\varrho_\sigma)^{1/3}. \tag{3,22}$$

Den Faktor 1/2 vor dem Integral hat man zu berücksichtigen, um die doppelte Zählung der Elektronenpaare zu vermeiden. Mit Rücksicht auf die Zusammenhänge $N = \varrho \Omega$ und $2\varrho_\sigma = \varrho$ folgt für A_D aus (3,22) der Ausdruck (3,11). Dieses Resultat, das wir hier auf anschaulichem Wege hergeleitet haben, hätten wir auf etwas formalerem Wege auch direkt aus (1,22) gewinnen können.

Es sei noch erwähnt, daß die Wahrscheinlichkeit dafür, daß man am Ort $\mathfrak{r}$ in der Volumeneinheit im Abstand $|\mathfrak{r}-\mathfrak{r}'|$ vom hervorgehobenen Elektron ein Elektron mit gleicher Spinrichtung *nicht* vorfindet, d. h. die Wahrscheinlichkeitsdichte des Austauschloches

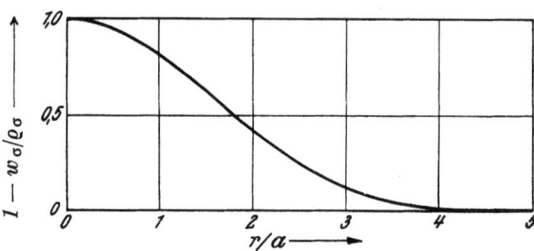

Abb. 4a. $1 - w_\sigma/\varrho_\sigma$ als Funktion von r/a.

$$\varrho_\sigma(\mathfrak{r}) - w_\sigma(\mathfrak{r},\mathfrak{r}') = \frac{|\varrho_\sigma(\mathfrak{r},\mathfrak{r}')|^2}{\varrho_\sigma(\mathfrak{r}')} \qquad (3,23)$$

beträgt.

Für ein freies Elektronengas ergibt sich aus (3,19) im Abstand r vom hervorgehobenen Elektron für die Wahrscheinlichkeitsdichte des Austauschloches $\varrho_\sigma \lambda(r)$. Die Funktion $\lambda(r) = 1 - w_\sigma/\varrho_\sigma$ ist in den Abb. 4a und 4b dargestellt.

3. *Korrelationsenergie.* In der Fockschen Näherung, mit welcher wir uns bisher befaßten, weichen sich die Elektronen mit antiparallelem Spin nicht aus, da zwischen diesen keinerlei wellenmechanisch-statistische Be-

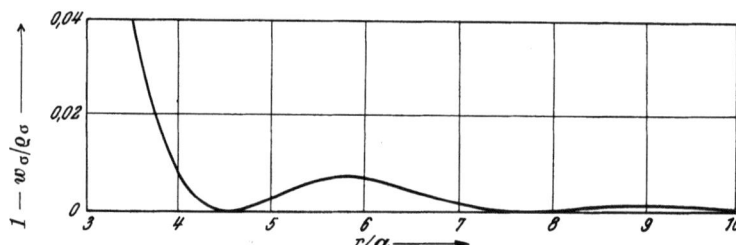

Abb. 4b. $1 - w_\sigma/\varrho_\sigma$ als Funktion von r/a für das Gebiet $r > 3a$. Maßstab der Ordinate vergrößert.

ziehungen bestehen. In der nächsten Näherung besteht aber auch zwischen diesen Elektronen zufolge ihrer elektrostatistischen Wechselwirkung eine gegenseitige Abdrängung. In zweiter Näherung bewegen sich also auch die Elektronen mit antiparallelem Spin nicht unabhängig voneinander, sondern trachten sich möglichst in großer Entfernung voneinander aufzuhalten, das man im erweiterten Sinne des Wortes als einen Polarisationseffekt betrachten kann, den wir mit Wigner kurz als Korrelation bezeichnen.

§ 3. Wechselwirkung der Elektronen eines freien Elektronengases

Diese zwischen den Elektronen mit antiparallelem Spin bestehende Korrelation, die man auf Grund einer Störungsrechnung zweiter und höherer Ordnung behandeln kann, führt also ebenfalls zu einer Energieverminderung, die man Korrelationsenergie nennt.

Zwischen den Elektronen mit parallelem Spin existiert natürlich ebenfalls eine gegenseitige elektrostatische Abdrängung, d. h. eine Korrelation. Durch diese wird jedoch die aus den wellenmechanisch-statistischen Beziehungen resultierende Abdrängung, mit der wir uns im vorangehenden Abschnitt befaßten, nur unbedeutend beeinflußt. Die Korrelation ist daher nur zwischen Elektronen mit antiparallelem Spin von Bedeutung und die Korrelationsenergie resultiert im wesentlichen hieraus.

Bei einigen Atomen läßt sich die Korrelationsenergie abschätzen. Für den Grundzustand des He-Atoms ist z. B. die empirische Energie[1] um 1,03 e-Volt tiefer als diejenige Energie, die man mit den HARTREEschen bzw. FOCKschen Gleichungen erhält, die für den Grundzustand des He-Atoms identisch sind. Diese Energiedifferenz ist im wesentlichen eine Folge der Korrelation. Für das He-Atom ist diese Energie relativ groß, denn die beiden Elektronen sind im Grundzustand auf engem Raum zusammengedrängt.

Die Berechnung der Korrelationsenergie ist ein schwieriges Problem, das für ebene Wellen erstmalig näherungsweise von WIGNER[2] gelöst wurde. Die Berechnungen von WIGNER gestalten sich in ihrer ursprünglichen Form kurz folgendermaßen:

Falls die Elektronendichte so klein ist, daß man die kinetische Nullpunktsenergie (2,7) der Elektronen vernachlässigen kann, läßt sich ein einfacher Ausdruck für die Korrelationsenergie angeben. In diesem Fall entspricht nämlich der stabilsten Elektronenanordnung ein raumzentriertes Gitter, es entsteht also in der Umgebung jedes Elektrons eine starke Verminderung der Elektronendichte, denn in der Umgebung jedes Elektrons befindet sich im Bereich der ein Elektron enthaltenden Elementarzelle überhaupt kein Elektron. Es entsteht daher in der elektrostatischen potentiellen Energie der Elektronen des Elektronengases eine Verminderung, welche gegenüber der elektrostatischen Energie, die man mit einer durchweg konstanten Elektronendichte berechnet, nach WIGNER pro Elektron $-0{,}746\, e^2/r_s$ beträgt[3], wo r_s den Radius der ein Elektron enthaltenden

---

[1] H. BETHE, Geiger-Scheels Handb. d. Phys. 24/1, 2. Aufl., S. 368—371, Springer, Berlin, 1933.

[2] E. WIGNER, Phys. Rev. 46, 1002, 1934 und Trans. Faraday Soc. 34, 678, 1938. Man vgl. auch F. SEITZ, The modern Theory of Solids, S. 342—344, McGraw-Hill Book Comp., New York, London, 1940.

[3] Die Konstante 0,746 ist unrichtig, man vgl. hierzu S. 33. Daß wir sie dennoch angeben, geschieht aus dem Grunde, da der mit dieser Konstante hergeleitete Ausdruck der Korrelationsenergie eine Zeitlang angewendet wurde.

Elementarkugel bezeichnet, der mit ϱ folgendermaßen zusammenhängt

$$\frac{1}{\varrho} = \frac{\Omega}{N} = \frac{4\pi r_s^3}{3}, \qquad r_s = \left(\frac{3}{4\pi}\right)^{1/3} \frac{1}{\varrho^{1/3}}. \tag{3,24}$$

In dieser Energieverminderung ist auch die aus dem Austauschloch resultierende Energieverminderung, d. h. die Austauschenergie der Elektronen enthalten, für die man nach (3,11) pro Elektron

$$\frac{A_D}{\varrho} = -\varkappa_a \varrho^{1/3} = -0{,}458 \frac{e^2}{r_s} \tag{3,25}$$

erhält. Die Korrelationsenergie w_m des Elektronengases pro Elektron ergibt sich demnach in diesem Spezialfall als Differenz der gesamten Energieverminderung und A_D/ϱ

$$w_m = -0{,}288 \frac{e^2}{r_s} = -0{,}288 \left(\frac{4\pi}{3}\right)^{1/3} e^2 \varrho^{1/3} = -0{,}464\, e^2 \varrho^{1/3}, \tag{3,26}$$

wobei betont sei, daß dieses Resultat nur für den Fall $r_s \to \infty$, also $\varrho \to 0$ gilt.

Die Berechnung von w_m für beliebige Werte von ϱ wurde von WIGNER näherungsweise folgendermaßen durchgeführt. Wir legen wieder unser Elektronengas, das aus N Elektronen besteht, zugrunde, das in zwei Schwärme von je $n = N/2$ Elektronen zerfällt, von denen der eine die Elektronen mit positivem, der andere die Elektronen mit negativem Spin enthält. Die Korrelation wird näherungsweise dadurch in Betracht gezogen, daß man annimmt, daß die als frei vorausgesetzten Elektronen des einen Schwarmes die Bewegung der Elektronen des anderen Schwarmes beeinflussen, daß also die Eigenfunktionen der Elektronen des einen (und zwar nur des einen) der beiden Schwärme auch vom Ort der Elektronen des anderen Schwarmes abhängen[1]. Diese Eigenfunktionen werden aus der Minimumsforderung der Energie bestimmt. Mit diesen Eigenfunktionen läßt sich dann eine neue Eigenfunktion des N-Elektronensystems aufbauen, welche eine bessere Näherung gibt als diejenige Eigenfunktion des Gesamtsystems, die man mit den Einelektroneigenfunktionen (2,33) aufbaut. Die mit der neuen Eigenfunktion des Gesamtsystems berechnete Energie liegt tiefer als die der FOCKschen Näherung; die Energievertiefung gibt einen Näherungswert für die Korrelationsenergie. Auf diese Weise hat WIGNER die Korrelationsenergie des freien Elektronengases für große Elektronendichten (für Dichten von der Größenordnung der Metallelektronendichten) berechnet.

Mit den so gewonnenen Resultaten und dem Resultat (3,26) für sehr kleine Elektronendichten läßt sich im gesamten Dichtebereich die Kor-

---

[1] Die Eigenfunktionen der Elektronen dieses anderen Schwarmes werden in der WIGNERschen Näherung von den Elektronen des erster genannten Schwarmes als unabhängig betrachtet.

§ 3. Wechselwirkung der Elektronen eines freien Elektronengases

relationsenergie des freien Elektronengases pro Elektron durch folgende Interpolationsformel darstellen

$$w_m = -\frac{0{,}288\, e^2}{5{,}1\, a_0 + r_s} = -\frac{\alpha_1}{\alpha_2 + \varrho^{1/3}} \varrho^{1/3} = -g_1(\varrho^{1/3}) \tag{3,27}$$

mit

$$\alpha_1 = 0{,}056 \frac{e^2}{a_0} \quad \text{und} \quad \alpha_2 = 0{,}12 \frac{1}{a_0}. \tag{3,28}$$

Außer diesem von WIGNER hergeleiteten Ausdruck existieren für die Korrelationsenergie noch weitere Ausdrücke, mit denen wir uns befassen müssen. Zunächst ist nach PINES[1] die von WIGNER für $r_s \to \infty$ ursprünglich berechnete Verminderung der elektrostatischen potentiellen Energie der Elektronen im Verhältnis zu derjenigen, die man mit einer durchweg konstanten Elektronendichte erhält, unrichtig. Der von WIGNER ursprünglich angegebene Ausdruck $-0{,}746\, e^2/r_s$ (man vgl. S. 31) ist durch $-0{,}90\, e^2/r_s$ zu ersetzen. Hierdurch ergibt sich ganz analog wie weiter oben für die Korrelationsenergie pro Elektron für den Fall $r_s \to \infty$, d. h. $\varrho \to 0$ statt (3,26) jetzt

$$w_m = -0{,}44 \frac{e^2}{r_s} = -0{,}44 \left(\frac{4\pi}{3}\right)^{1/3} e^2 \varrho^{1/3} = -0{,}709\, e^2 \varrho^{1/3} = -g_2(\varrho^{1/3}). \tag{3,29}$$

Dieses Resultat und die von WIGNER für große Elektronendichten berechnete Korrelationsenergie pro Elektron kann man statt (3,27) durch folgende Interpolationsformel darstellen

$$w_m = -\frac{0{,}44\, e^2}{7{,}8\, a_0 + r_s} = -\frac{\alpha_1'}{\alpha_2' + \varrho^{1/3}} \varrho^{1/3} = -g_3(\varrho^{1/3}) \tag{3,30}$$

mit

$$\alpha_1' = 0{,}056 \frac{e^2}{a_0} \quad \text{und} \quad \alpha_2' = 0{,}079_5 \frac{1}{a_0}. \tag{3,31}$$

α_1' ist also mit α_1 identisch.

Seit diesen Berechnungen von WIGNER entstanden die Arbeiten von BOHM und PINES[2], in denen die Elektronen kollektiv als ein Plasma behandelt werden. Aus diesen Arbeiten geht hervor, daß man bei dieser Behandlungsweise der Elektronen die COULOMBsche Wechselwirkung der Elektronen in zwei Anteile, und zwar in einen Anteil von langer Reichweite, der für die Plasma-Oscillationen verantwortlich ist, und in einen Anteil von kurzer Reichweite (von etwa $2 a_0$) zerlegen kann. Dies erweist sich als wesentlich, denn hierdurch wird die Anwendung der Störungsrechnung

---

[1] Man vgl. hierzu den Beitrag von D. PINES in Solid State Physics Vol. I (herausgegeben von F. SEITZ und D. TURNBULL), S. 374—375, Academic Press Inc., New York, 1955.
[2] Bezüglich Literaturangaben vgl. man den Beitrag von D. PINES in Solid State Physics Vol. I (herausgegeben von F. SEITZ und D. TURNBULL), S. 367, Academic Press Inc., New York, 1955.

und auf Grund dieser die genaue Berechnung der Korrelationsenergie für große Elektronendichten des Elektronengases sowie für Dichten, die denen der Metallelektronen entsprechen, ermöglicht. Auf diesen Grundlagen konnte die Korrelationsenergie durch eine unendliche Reihe dargestellt werden, deren erstes Glied für $\varrho \to \infty$ logarithmisch unendlich wird, das nächste Glied ist eine von ϱ unabhängige Konstante, und die folgenden Glieder verschwinden für $\varrho \to \infty$. Bisher wurden nur die Koeffizienten von einigen wenigen Gliedern, und zwar von mehreren Autoren für verschiedene Gültigkeitsbereiche berechnet. Es entstanden so neben den Ausdrücken (3,27), (3,29) und (3,30) für die Korrelationsenergie noch weitere Ausdrücke, die für verschiedene Bereiche von ϱ gültig sind.

Nach NOZIÈRES und PINES[1], die die Gültigkeitsgrenzen der verschiedenen Ausdrücke für die Korrelationsenergie sehr ausführlich untersuchten, gilt für sehr kleine Elektronendichten, und zwar

$$\text{für } r_s \gtrsim 20 a_0, \text{ d. h. } \varrho^{1/3} \lesssim 0{,}03/a_0, \text{ der Ausdruck (3,29);}$$

für Elektronendichten von der Größe der Dichten des Metallelektronengases in Metallen, also

$$\text{für } 1{,}8 a_0 \lesssim r_s \lesssim 5{,}6 a_0, \text{ d. h. } 0{,}10/a_0 \lesssim \varrho^{1/3} \lesssim 0{,}35/a_0,$$

der von PINES hergeleitete Ausdruck

$$w_m = -g_4(\varrho^{1/3}) = -0{,}0155 \frac{e^2}{a_0} \ln(\varrho^{1/3} a_0) - 0{,}0649 \frac{e^2}{a_0}; \quad (3{,}32)$$

und schließlich für sehr große Elektronendichten, und zwar

$$\text{für } r_s \lesssim 1 a_0, \text{ d. h. } \varrho^{1/3} \gtrsim 0{,}6/a_0,$$

der von GELL-MANN und BRUECKNER[2] gewonnene Ausdruck

$$w_m = -g_5(\varrho^{1/3}) = -0{,}0311 \frac{e^2}{a_0} \ln(\varrho^{1/3} a_0) - 0{,}0628 \frac{e^2}{a_0}. \quad (3{,}33)$$

Für $\varrho \to \infty$ gilt dieser Ausdruck exakt, da die weiteren Glieder für $\varrho \to \infty$ verschwinden.

In Abb. 5 haben wir zum Vergleich die von verschiedenen Autoren berechneten Ausdrücke für $g_i(\varrho^{1/3})$ als Funktionen von $\varrho^{1/3}$ dargestellt, wobei zu bemerken ist, daß der Ausdruck (3,30) (Kurve g_3) für $\varrho \to 0$ in den für diesen Grenzfall exakt gültigen Ausdruck (3,29) übergeht. Wie man aus dem Verlauf der Kurven ersieht, gibt keine der Kurven im ganzen des für uns wichtigen Intervalls von $\varrho^{1/3} \cong 0{,}1/a_0$ bis etwa $\varrho^{1/3} \cong 2{,}5/a_0$ eine gute Näherung.

---

[1] P. NOZIÈRES und D. PINES, Phys. Rev. **111**, 442, 1958.
[2] M. GELL-MANN und K. A. BRUECKNER, Phys. Rev. **106**, 364, 1957.

§ 3. Wechselwirkung der Elektronen eines freien Elektronengases

Eine befriedigende Näherung für die Korrelationsenergie pro Elektron im ganzen in Frage kommenden Bereich von ϱ, d. h. von $\varrho = 0$ bis $\varrho = \infty$, gibt der folgende Interpolationsausdruck[1]

$$w_m = -g(\varrho^{1/3}) = -\frac{\beta_1}{\beta_2 + \varrho^{1/3}} \varrho^{1/3} - \gamma_1 \ln(1 + \gamma_2 \varrho^{1/3}), \quad (3,34)$$

in welchem die Konstanten β_1, β_2, γ_1 und γ_2 so gewählt werden, daß w_m für $\varrho \to 0$ in den exakt gültigen Ausdruck (3,29), für $\varrho \to \infty$ in den ebenfalls exakt gültigen Ausdruck (3,33) übergehe und für den Wert $\varrho^{1/3} = 0{,}15/a_0$ (der approximativ der Randdichte des korrigierten statistischen Atommodells entspricht) mit (3,32) übereinstimme. Diese drei Bedingungen

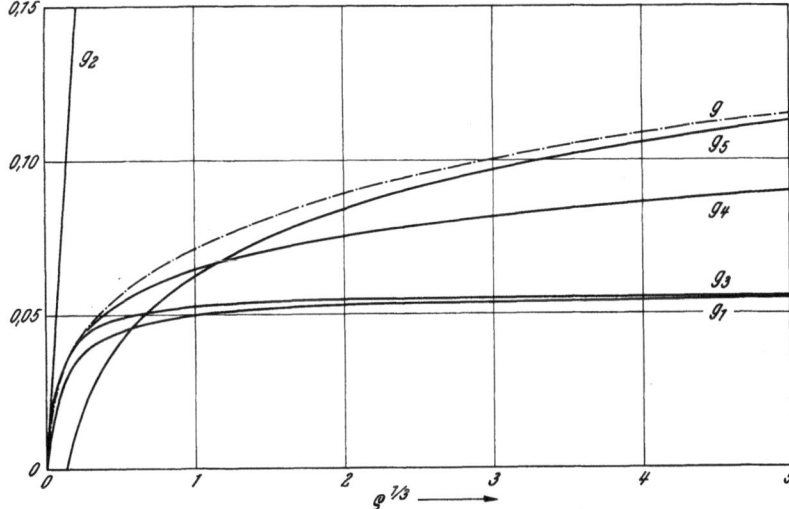

Abb. 5. g_1, g_2, g_3, g_4, g_5 und g als Funktionen von $\varrho^{1/3}$. Abszisse in $1/a_0$-, Ordinate in e/a_0-Einheiten. Die Funktion $g_4(\varrho^{1/3})$ verschwindet bei etwa $\varrho^{1/3} = 0{,}015/a_0$ und wird für kleinere $\varrho^{1/3}$-Werte negativ; dies konnte jedoch in der Figur nicht dargestellt werden.

liefern zur Bestimmung der vier Konstanten β_1, β_2, γ_1 und γ_2 vier Gleichungen, aus denen man die folgenden Werte dieser Konstanten erhält

$$\left. \begin{array}{ll} \beta_1 = 0{,}0357_0 \dfrac{e^2}{a_0}, & \beta_2 = 0{,}0562_5 \dfrac{1}{a_0}, \\ \gamma_1 = 0{,}0311_0 \dfrac{e^2}{a_0}, & \gamma_2 = 2{,}39_0\, a_0. \end{array} \right\} \quad (3,35)$$

Der Fehler des so gewonnenen Interpolationsausdruckes für g dürfte im gesamten Dichtebereich 10% nirgends übersteigen. Der Verlauf von g als Funktion von $\varrho^{1/3}$ ist in Abb. 5 dargestellt.

---

[1] P. GOMBÁS, Acta Phys. Hung. 13, 233, 1961.

Für die Korrelationsenergie des Elektronengases pro Volumeneinheit ergibt sich mit der Interpolationsfunktion (3,34)

$$W_D = w_m \varrho = -g\,(\varrho^{1/3})\,\varrho. \tag{3,36}$$

Wenn man mit dieser Energie die Summe der elektrostatischen Wechselwirkungsenergie und der Austauschenergie des Elektronengases ergänzt, so erhält man die gesamte Wechselwirkungsenergie erster und zweiter Ordnung der Elektronen des freien Elektronengases im Grundzustand.

§ 4. Statitsische Behandlung von Atomen

Die in den vorangehenden Paragraphen besprochene statistische Behandlungsweise eines freien Elektronengases sowie die für die Wechselwirkung von freien Elektronen gewonnenen Resultate lassen sich auch auf Atome, insbesondere schwere Atome, übertragen. Auf diesen Grundlagen kann man das statistische Atommodell entwickeln. Aus der statistischen Behandlungsweise des Atoms bringen wir im folgenden einige grundlegende Beziehungen sowie mehrere weitere Resultate, die im späteren eine Rolle spielen[1].

1. *Einleitung.* Die statistische Behandlungsweise atomarer Systeme gründet sich auf die Annahme, daß man die Elektronen des Systems als ein entartetes Elektronengas am absoluten Nullpunkt der Temperatur betrachten kann. Es wird angenommen, daß in diesem Elektronengas die Ladung der Elektronen kontinuierlich verteilt ist, man betrachtet also die Elektronen als pulverisiert. Diese kontinuierlich verteilte Elektronenladung bildet im statistischen Modell eine Art negative Atmosphäre um die Kerne, die durch die Anziehung der Kerne sowie die aus dem Elektronenaustausch und der Korrelation resultierenden Anziehung und durch die gegenseitige Abstoßung der negativen Ladungselemente im Gleichgewicht gehalten wird. Aus diesen Grundannahmen folgt, daß im statistischen Modell die individuellen Eigenschaften der Elektronen verwischt werden, und weiterhin, daß man das Modell nur auf solche Systeme anwenden kann, in welchen die Anzahl der Elektronen groß, also die statistische Behandlungsweise gerechtfertigt ist. Überraschenderweise kann jedoch das statistische Modell auch auf atomare Systeme mit wenig Elektronen — etwa zehn Elektronen — und bei Berücksichtigung verschiedener Erweiterungen und Korrektionen des Modells sogar für noch kleinere Elektronenzahlen mit gutem Erfolg angewendet werden.

2. *Das statistische Modell von* THOMAS *und* FERMI. Das statistische Modell atomarer Systeme entstand aus den voneinander unabhängigen

---

[1] Eine sehr ausführliche Darstellung der statistischen Behandlungsweise des Atoms und deren vielseitigen Anwendungen ist z. B. bei P. GOMBÁS, I und II zu finden.

grundlegenden Arbeiten von THOMAS[1] und FERMI[2]. Im statistischen Modell von THOMAS und FERMI wird zwischen den Elektronen nur die elektrostatische Wechselwirkung in Betracht gezogen, alle weiteren Wechselwirkungen zwischen den Elektronen sowie der Elektronenaustausch und die Korrelation der Elektronen werden vernachlässigt; weiterhin bleibt auch die sehr wesentliche Inhomogenitätskorrektion der kinetischen Energie unberücksichtigt. Das THOMAS-FERMIsche Modell kann man daher nur als eine erste Näherung des statistischen Modells atomarer Systeme betrachten.

Das Grundproblem der statistischen Behandlung eines atomaren Systems bildet die Bestimmung der Potential- und Dichteverteilung der Elektronen. Im statistischen Modell von THOMAS und FERMI werden diese Verteilungen durch die THOMAS-FERMIsche Gleichung determiniert. Analog zur Methode des self-consistent field, wo man die Grundgleichungen aus einem Variationsprinzip gewinnen kann, läßt sich in der statistischen Methode die THOMAS-FERMIsche Gleichung ebenfalls aus einem Variationsprinzip herleiten.

Zu diesem Variationsprinzip gelangt man nach FRENKEL[3] und LENZ[4] durch die Minimumsforderung der Gesamtenergie des Systems. Im Anschluß an LENZ berechnen wir zunächst die Energie des Elektronengases in einem elektronenreichen System von N Elektronen, in welchem sich die Elektronen in einem zunächst beliebig vorausgesetzten Potential V_k befinden, das sich aus dem Potential von beliebig vielen Kernen und einem beliebigen äußeren Potential zusammensetzen kann. Zur Herleitung des Energieausdruckes führen wir ein System von Scheidewänden ein, mit denen wir das Elektronengas in Teilvolumina dv unterteilen, und zwar in der Weise, daß jedes räumliche Volumenelement dv noch viele Elektronen enthalte und das Potential in diesen Zellen praktisch konstant sei. Wir sehen im folgenden zunächst davon ab, daß diese Bedingungen in Gebieten geringer Elektronendichte, also z. B. im Fall eines Atoms in großer Entfernung vom Kern wegen der kleinen Elektronenzahl und in unmittelbarer Nähe des Kerns, wo sich das Kernpotential mit der Entfernung vom Kern sehr stark ändert, nicht erfüllbar sind.

Da sich die kinetische Energie eines FERMI-Gases bei einer Unterteilung in Teilvolumina, in welchen sich noch viele Elektronen befinden, nur unbedeutend ändert, läßt sich die kinetische Energie des Systems als Summe der Energien der einzelnen Teilvolumina auffassen. Bei der von uns vorgenommenen Zelleneinteilung kann man die Elektronen in jeder Zelle als ein freies Elektronengas am absoluten Nullpunkt der Temperatur betrach-

---

[1] L. H. THOMAS, Proc. Cambridge Phil. Soc. **23**, 542, 1926.
[2] E. FERMI, Rend. Acc. Lincei (6) **6**, 602, 1927; Zs. f. Phys. **48**, 73, 1928.
[3] J. FRENKEL, Zs. f. Phys. **50**, 234, 1928.
[4] W. LENZ, Zs. f. Phys. **77**, 713, 1932.

ten. Mit (2,7) wird also die kinetische Energie eines Elektronengases in einer Zelle $\varkappa_k \varrho^{5/3} dv$, wo ϱ die Elektronendichte in dv bezeichnet. Für die gesamte kinetische Energie des Systems folgt also

$$E_k = \varkappa_k \int \varrho^{5/3} dv. \qquad (4,1)$$

Die potentielle Energie des Elektronengases setzt sich aus zwei Anteilen zusammen: aus der elektrostatischen Wechselwirkungsenergie der Elektronen mit den Kernen, die wir mit E_p^k bezeichnen, und aus der gegenseitigen elektrostatischen Wechselwirkungsenergie der Elektronen, für die wir die Bezeichnung E_p^e gebrauchen. Man hat

$$E_p^k = -\int e V_k \varrho\, dv, \qquad (4,2)$$

$$E_p^e = -\frac{1}{2} \int e V_e \varrho\, dv = \frac{1}{2} e^2 \int\int \frac{\varrho(\mathfrak{r}) \varrho(\mathfrak{r}')}{|\mathfrak{r} - \mathfrak{r}'|} dv\, dv', \qquad (4,3)$$

wo

$$V_e = -e \int \frac{\varrho(\mathfrak{r}')}{|\mathfrak{r} - \mathfrak{r}'|} dv' \qquad (4,4)$$

das elektrostatische Potential der Elektronenwolke bedeutet.

Die gesamte Energie E des Elektronengases wird also

$$E = E_k + E_p^k + E_p^e = \int \left[\varkappa_k \varrho^{5/3} - \left(V_k + \frac{1}{2} V_e\right) e \varrho\right] dv. \qquad (4,5)$$

Für ϱ besteht die Bedingungsgleichung

$$\int \varrho e\, dv = N e. \qquad (4,6)$$

Aus dem Verschwinden der hinsichtlich ϱ vorgenommenen ersten Variation von E folgt bei Berücksichtigung der Nebenbedingung (4,6) die grundlegende Beziehung

$$\frac{5}{3} \varkappa_k \varrho^{2/3} - V e = -V_0 e, \qquad (4,7)$$

die man auch in der Form

$$\varrho = \sigma_0 (V - V_0)^{3/2} \qquad (4,8)$$

schreiben kann, wo

$$V = V_k + V_e \qquad (4,9)$$

das gesamte elektrostatische Potential, V_0 einen LAGRANGEschen Multiplikator und σ_0 die Konstante

$$\sigma_0 = \left(\frac{3 e}{5 \varkappa_k}\right)^{3/2} = \frac{1}{3 \pi^2} \left(\frac{2}{e a_0}\right)^{3/2} = 0{,}09553 \frac{1}{(e a_0)^{3/2}} \qquad (4,10)$$

bezeichnen.

§ 4. Statistische Behandlung von Atomen

Zwischen V und ϱ besteht die POISSONsche Gleichung, die man mit Rücksicht darauf, daß V_0 eine Konstante ist, in der Form

$$\Delta (V - V_0) = 4\pi\varrho e \tag{4,11}$$

schreiben kann. Wenn man hier für ϱ den Ausdruck (4,8) einsetzt, so erhält man die THOMAS-FERMIsche Gleichung

$$\Delta (V - V_0) = 4\pi\sigma_0 e (V - V_0)^{3/2}, \tag{4,12}$$

die den Potentialverlauf und, mit Rücksicht auf (4,8), den Dichteverlauf des Elektronengases bestimmt. Diese Gleichung hat natürlich nur in den Gebieten Gültigkeit, in denen ϱ nicht verschwindet. In den Raumteilen, wo $\varrho \equiv 0$ ist, besteht die Gleichung

$$\Delta (V - V_0) = \Delta V = 0. \tag{4,13}$$

Die Randbedingungen, mit denen die THOMAS-FERMIsche Gleichung zu lösen ist, hängen von den Kernpotentialen und von dem eventuell vorhandenen äußeren Potential ab. Falls ein solches nicht vorhanden ist, so lauten die Randbedingungen folgendermaßen: V muß am Ort der einzelnen Kerne jeweils in das Potential des betreffenden Kerns übergehen, im Unendlichen muß V verschwinden, weiterhin ist zu fordern, daß V sowie die erste Ableitung von V im ganzen Raum stetig sei. Die Konstante V_0 ist aus der Forderung (4,6) zu bestimmen.

Die Grundgleichung (4,8) kann man auch auf elementarem Wege folgendermaßen herleiten. Die Gesamtenergie $\frac{p^2}{2m} - Ve$ eines Elektrons, das im Verband des atomaren Systems verbleibt, d. h. an das System gebunden ist, kann höchstens gleich werden mit der höchstmöglichen potentiellen Energie eines Elektrons im System. Wenn wir den Höchstwert des Potentials im System mit V_0 bezeichnen, so folgt also für Elektronen, die an das System gebunden sind,

$$\frac{p^2}{2m} - Ve \leq - V_0 e. \tag{4,14}$$

Im Verband des Systems gebundene Elektronen können also alle Zustände besetzen, für welche

$$p \leq [2me(V - V_0)]^{1/2} \tag{4,15}$$

ist. Wenn wir annehmen, daß alle diese Zustände vollbesetzt sind, und berücksichtigen, daß für den Betrag des maximalen Impulses der Ausdruck (2,2) gilt, so folgt die mit (4,8) identische Gleichung

$$p_\mu = \frac{1}{2}\left(\frac{3}{\pi}\right)^{1/3} h \varrho^{1/3} = [2me(V - V_0)]^{1/2}. \tag{4,16}$$

Aus dieser Herleitung ist zu sehen, daß der LAGRANGEsche Multiplikator V_0 in (4,8) den Höchstwert des Potentials im System und $\varepsilon_\mu = -eV_0$

die maximale Energie der Elektronen im System bedeutet. Hieraus folgt, daß die Gleichung (4,7) mit der Energiegleichung des Elektrons mit der maximalen Energie identisch ist.

Im Falle eines Atoms ist V_k das Kernpotential, man hat also

$$V_k = \frac{Z\,e}{r}, \qquad (4{,}17)$$

womit das ganze Problem kugelsymmetrisch wird. Für V_0 ergibt sich[1] in diesem Fall

$$V_0 = \frac{(Z - N)\,e}{r_0}, \qquad (4{,}18)$$

wo r_0 den Grenzradius des Atoms bezeichnet, der für neutrale Atome ∞ ist und für positive Ionen einen endlichen Wert hat; negative Ionen sind im Rahmen des ursprünglichen THOMAS-FERMIschen Modells nicht stabil.

Die Potentialverteilung des Atoms oder des atomaren Systems erhält man durch Lösen der Grundgleichung (4,12). Mit der Potentialverteilung ergibt sich dann aus (4,8) die Dichteverteilung der Elektronen. Für neutrale Atome und positive Ionen liegen sehr genaue numerische Lösungen sowie analytische Näherungslösungen der Grundgleichung vor[2]. Die Elektronendichte am Atomrand verschwindet in THOMAS-FERMIschen Atomen und Ionen.

Die größten Mängel des THOMAS-FERMIschen Modells sind, daß die Elektronendichte in neutralen Atomen in sehr großer Entfernung vom Kern zu langsam (wie $1/r^6$) verschwindet und daß die Elektronendichte sowohl für neutrale Atome als auch für positive Ionen am Ort des Kerns singulär, nämlich wie $1/r^{3/2}$ unendlich wird, wie dies aus (4,8) unmittelbar zu sehen ist. Das zu langsame Verschwinden der Elektronendichte in großer Entfernung vom Kern ist zum Teil eine Folge dessen, daß im THOMAS-FERMIschen Modell auch die elektrostatische Selbstwechselwirkung der Elektronen enthalten ist.

3. Korrektionen und Erweiterungen des statistischen Modells. Das ursprüngliche statistische Modell von THOMAS und FERMI wurde verschiedentlich korrigiert und erweitert. Einige dieser Korrektionen und Erweiterungen, die im späteren eine Rolle spielen, wollen wir hier kurz besprechen[3].

Die FERMI-AMALDIsche Korrektion. Zur Ausschaltung der elektrostatischen Selbstwechselwirkung der Elektronen kann man nach FERMI und AMALDI näherungsweise in der Weise vorgehen[4], daß man vom elektrostatischen Potential V_e der Elektronen den im Durchschnitt

---

[1] Man vgl. hierzu z. B. P. GOMBÁS, I, S. 38.
[2] Man vgl. hierzu P. GOMBÁS, II.
[3] Eine ausführliche Darstellung dieser Korrektionen und Erweiterungen ist z. B. bei P. GOMBÁS, I und II zu finden.
[4] E. FERMI und E. AMALDI, Mem. Acc. Italia **6**, 117, 1934.

auf ein Elektron entfallenden Anteil V_e/N in Abzug bringt, d. h. daß man statt V_e überall $\left(1 - \frac{1}{N}\right) V_e$ setzt. Mit dieser sogenannten FERMI-AMALDIschen Korrektion ergibt sich

$$V_0 = \frac{(Z - N + 1)\,e}{r_0}, \qquad (4{,}19)$$

und es werden auch negative Ionen stabil mit einem Grenzradius von $r_0 = \infty$. Der Grenzradius neutraler Atome wird mit dieser Korrektion endlich, und die Grenzradien für positive Ionen verkleinern sich im Verhältnis zu den Radien der ursprünglichen positiven THOMAS-FERMIschen Ionen.

Die Austauschkorrektion. Die Austauschkorrektion wurde zuerst von DIRAC[1] in das statistische Modell eingebaut. Am einfachsten kann dies in der Weise[2] geschehen, daß man die Energie (4,5) des THOMAS-FERMIschen Atoms durch die Austauschenergie E_a des Elektronengases ergänzt. Auf Grund derselben Einteilung des Elektronengases, auf die der Ausdruck (4,1) der kinetischen Energie beruht, erhält man mit (3,11)

$$E_a = -\varkappa_a \int \varrho^{4/3}\, dv. \qquad (4{,}20)$$

Man kann nun ganz ähnlich wie im vorangehenden Abschnitt dieses Paragraphen vorgehen und erhält jetzt mit dem erweiterten Energieausdruck aus dem Variationsprinzip statt (4,7) die Beziehung

$$\frac{5}{3}\varkappa_k \varrho^{2/3} - \frac{4}{3}\varkappa_a \varrho^{1/3} - V e = -V_0 e, \qquad (4{,}21)$$

die man auch in der Form

$$\varrho = \sigma_0 \left[(V - V_0 + \tau_0{}^2)^{1/2} + \tau_0\right]^3 \qquad (4{,}22)$$

schreiben kann, wo τ_0 die Konstante

$$\tau_0 = \left(\frac{4\,\varkappa_a{}^2}{15\,\varkappa_k\,e}\right)^{1/2} \qquad (4{,}23)$$

bezeichnet.

Wenn man den Ausdruck für ϱ in die POISSONsche Gleichung einsetzt, so erhält man die mit dem Austausch erweiterte Grundgleichung

$$\Delta (V - V_0 + \tau_0{}^2) = 4\pi \sigma_0 e \left[(V - V_0 + \tau_0{}^2)^{1/2} + \tau_0\right]^3, \qquad (4{,}24)$$

die man auch THOMAS-FERMI-DIRACsche Gleichung nennt und die mit denselben Randbedingungen zu lösen ist wie die THOMAS-FERMIsche. Exakte numerische Lösungen sowie Näherungslösungen dieser Gleichung wurden für verschiedene Atome und positive Ionen angegeben[3], negative Ionen

---

[1] P. A. M. DIRAC, Proc. Cambridge Phil. Soc. **26**, 376, 1930.
[2] H. JENSEN, Zs. f. Phys. **89**, 713, 1934; **93**, 232, 1935.
[3] Bezüglich der Literatur vgl. man P. GOMBÁS, II.

sind nicht stabil. Für V_0 ergibt sich

$$V_0 = \frac{(Z-N)e}{r_0} + \frac{15}{16}\tau_0^2. \qquad (4{,}25)$$

Die Radien der THOMAS-FERMI-DIRACschen Atome und Ionen haben einen endlichen Wert. Die Elektronendichte am Atomrand ist, wie aus (4,22) zu sehen ist, ebenfalls endlich und besitzt für alle Atome und positive Ionen den Wert

$$\varrho_0 = \left(\frac{\varkappa_a}{2\varkappa_k}\right)^3 = \left(\frac{5}{4}\right)^3 \sigma_0 \tau_0^3 = 0{,}002127 \frac{1}{a_0^3}. \qquad (4{,}26)$$

Zufolge dieses diskontinuierlichen Verhaltens der Elektronendichte am Rand sind mehrere Autoren der Ansicht, daß freie THOMAS-FERMI-DIRACsche Atome und Ionen nicht existieren. Andere Autoren wieder stellen sich auf den Standpunkt, daß es sich hier um ein halbklassisches Elektronengas handelt, in dem ein diskontinuierlicher Abfall der Dichte nicht unbedingt abzulehnen ist.

Um im Rahmen des THOMAS-FERMI-DIRACschen Modells auch negative Ionen zu stabilisieren, kann man eine Modifikation[1] der Austauschkorrektion vornehmen, indem man diese mit der FERMI-AMALDIschen Korrektion kombiniert.

Die Korrelationskorrektion. Mit Hilfe der Ausdrücke (3,36) und (3,34) läßt sich die Korrelationskorrektion ganz ähnlich zur Austauschkorrektion in das statistische Modell einbauen[2]. Diese beeinflußt den Dichteverlauf der Elektronen nur am Rand des Atoms. Neutrale Atome und positive Ionen besitzen auch mit dieser Korrektion endliche Radien, die im Verhältnis zu den entsprechenden Radien des THOMAS-FERMI-DIRACschen Modells um einige Prozent kleiner sind. Die Randdichte hat auch mit dieser Korrektion einen endlichen Wert, und zwar ergibt sich für neutrale Atome und positive Ionen nun der im Verhältnis zu (4,26) bedeutend größere Wert

$$\varrho_0 = 0{,}003074 \frac{1}{a_0^3}. \qquad (4{,}27)$$

Negative Ionen sind auch bei Berücksichtigung der Korrelationskorrektion nicht stabil, man kann jedoch ihre Stabilität durch eine ähnliche Modifikation wie bei der Austauschkorrektion erreichen.

Gruppierung der Elektronen des statistischen Atoms nach der Nebenquantenzahl. Alle bisher in Betracht gezogenen Korrektionen betreffen die Wechselwirkung der Elektronen, d. h. die potentielle Energie der Elektronen des Atoms. Außer diesen wurden auch für die

---

[1] H. JENSEN, Zs. f. Phys. 101, 141, 1936.
[2] P. GOMBÁS, Acta Phys. Hung. 14, 83, 1962. Hier sind auch einige diesbezügliche frühere Arbeiten angegeben.

kinetische Energie der Elektronen Korrektionen hergeleitet, von denen die eine darin besteht, daß man die kinetische Energie in einen radialen und azimutalen Anteil zerlegt und die Energie der Elektronen durch eine Gruppierung der Elektronen nach der Nebenquantenzahl berechnet[1]. Mit dem Ausdruck (2,27) für die kinetische Energiedichte der Elektronen mit der Nebenquantenzahl l erhält man für die Energie des Atoms

$$E = \sum_l \int \left[\frac{4\pi^4 \gamma^2}{3(2l+1)^2} \varrho_l^3 r^4 + \gamma^2 \frac{k^2}{r^2} \varrho_l - \left(V_k + \frac{1}{2} V_e \right) e \varrho_l \right] dv, \quad (4,28)$$

wo ϱ_l die Dichte der Elektronen mit der Nebenquantenzahl l bezeichnet. Für diese bestehen die Nebenbedingungen

$$\int \varrho_l e \, dv = N_l. \quad (4,29)$$
$$(l = 0, 1, 2, \ldots)$$

N_l bedeutet die Anzahl der Elektronen des Atoms mit der Nebenquantenzahl l.

Aus dem Variationsprinzip, in dem jetzt die Variation hinsichtlich der Dichtefunktionen ϱ_l zu erfolgen hat, ergeben sich jetzt mit Rücksicht auf die Nebenbedingungen (4,29) die folgenden Gleichungen

$$\frac{4\pi^4 \gamma^2}{(2l+1)^2} \varrho_l^2 r^4 + \gamma^2 \frac{k^2}{r^2} - (V - V_{0l}) e = 0, \quad (4,30)$$
$$(l = 0, 1, 2, \ldots)$$

wo die V_{0l} LAGRANGEsche Multiplikatoren bezeichnen.

Hieraus erhält man für die Elektronendichten ϱ_l

$$\varrho_l = \frac{2l+1}{2\pi^2 \gamma} \frac{1}{r^2} \left[(V - V_{0l}) e - \gamma^2 \frac{k^2}{r^2} \right]^{1/2}. \quad (4,31)$$
$$(l = 0, 1, 2, \ldots)$$

Für die ϱ_l besteht die Beziehung

$$\sum_l \varrho_l = \varrho. \quad (4,32)$$

Mit Rücksicht hierauf folgt mit dem Ausdruck (4,31) für ϱ_l aus der POISSONschen Gleichung zur Bestimmung des Potentialverlaufes $V(r)$ die erweiterte THOMAS-FERMIsche Gleichung

$$\Delta V = \frac{e}{\pi \gamma} \frac{1}{r^2} \sum_l{}' \left\{ 2(2l+1) \left[(V - V_{0l}) e - \gamma^2 \frac{k^2}{r^2} \right]^{1/2} \right\}, \quad (4,33)$$

die mit den im Zusammenhang mit der ursprünglichen THOMAS-FERMIschen Gleichung besprochenen Randbedingungen zu lösen ist; die Kon-

---

[1] Die im folgenden gegebene Gruppierung der Elektronen des Atoms nach der Nebenquantenzahl stimmt im wesentlichen mit der von P. GOMBÁS gegebenen Behandlung dieses Problems überein; man vgl. hierzu P. GOMBÁS, II, S. 148 ff.

stanten V_{0l} sind durch die Nebenbedingungen (4,29) festgelegt. In (4,31) und (4,33) überwiegt für kleine r das zu $1/r^2$ proportionale negative zweite Glied in der Wurzel, denn das erste Glied unter der Wurzel wird für $r = 0$ nur wie $1/r$ unendlich. Da einer imaginären Dichte natürlich keinerlei physikalische Bedeutung zukommt, ist ϱ_l von $r = 0$ bis $r = r_l$ gleich Null zu setzen, wo r_l den kleinsten Abstand vom Kern bezeichnet, für den die Wurzel im Ausdruck der Dichte verschwindet.

Der Ausdruck (4,31) für ϱ_l entspricht dem Ausdruck (2,18), jedoch mit dem Unterschied, daß man in (4,31) für die verschiedenen l-Werte verschiedene LAGRANGEsche Multiplikatoren V_{0l} hat. Wenn man näherungsweise für diese den für das ursprüngliche THOMAS-FERMIsche Modell gültigen gemeinsamen Multiplikator V_0 [man vgl. (4,8)] setzt, dann kann man in (4,31) gemäß (4,7) $(V - V_0)\,e = \frac{5}{3}\varkappa_k \varrho^{2/3} = \frac{1}{2}(3\pi^2)^{2/3} e^2 a_0 \varrho^{2/3}$ setzen, womit (4,31) mit (2,18) identisch wird.

Der Unterschied zwischen dem Dichteausdruck (2,18) und (4,31) ist darin zu suchen, daß wir in § 2 die Gesamtdichte ϱ als gegeben betrachtet haben und diese in die Teildichten ϱ_l aufgespalten haben, während hier die Teildichten ϱ_l als primär zu betrachten sind und die Gesamtdichte ϱ aus diesen gemäß (4,32) aufgebaut wird.

Die kinetische Inhomogenitätskorrektion. Eine weitere und sehr wichtige Korrektion der kinetischen Energie ist die sogenannte Inhomogenitätskorrektion, die ihren Ursprung im folgenden hat. Bisher haben wir das Potential in den Teilvolumina dv, in denen wir das Atom unterteilten (man vgl. S. 37), als konstant, d. h. die Elektronen in diesen als frei betrachtet und dementsprechend ihre kinetische Energie pro Volumeneinheit durch den Ausdruck $\varkappa_k \varrho^{5/3}$ dargestellt. Die Voraussetzung eines konstanten Potentials in den Teilvolumina dv kann aber nur als eine Näherung betrachtet werden, die in unmittelbarer Nähe des Kerns nicht gerechtfertigt ist. Wenn man dem Umstand Rechnung trägt, daß das Potential in den Teilvolumina dv nicht mehr als konstant vorausgesetzt werden kann, so gelangt man zur kinetischen Inhomogenitätskorrektion.

Für die hieraus resultierende Energie hat als erster WEIZSÄCKER einen Ausdruck hergeleitet[1], der sich folgendermaßen gestaltet

$$E_i = \varkappa_i \int \frac{1}{\varrho} (\operatorname{grad} \varrho)^2 \, dv, \qquad (4,34)$$

wo $\varkappa_i$ die Konstante

$$\varkappa_i = \frac{1}{8} e^2 a_0 \qquad (4,35)$$

bezeichnet.

Wenn wir die Gesamtenergie des atomaren Systems mit dieser Energie ergänzen und von der verhältnismäßig kleinen Korrelationskorrektion

---

[1] C. F. VON WEIZSÄCKER, Zs. f. Phys. 96, 431, 1935.

§ 4. Statistische Behandlung von Atomen

hier absehen, so ergibt sich aus dem Variationsprinzip mit der Bezeichnung $\psi = \varrho^{1/2}$ die Gleichung

$$4\varkappa_i \Delta\psi - \frac{5}{3}\varkappa_k \psi^{7/3} + \frac{4}{3}\varkappa_a \psi^{5/3} + (V - V_0) e\psi = 0, \qquad (4,36)$$

wo V_0 wieder die Rolle eines LAGRANGEschen Multiplikators spielt. Zu dieser Gleichung kommt noch die POISSONsche Gleichung

$$\Delta V = 4\pi e \psi^2 \qquad (4,37)$$

hinzu. Aus diesem Gleichungssystem hat man ψ mit den Nebenbedingungen zu bestimmen, daß ψ eine überall endliche und eindeutige Funktion des Ortes sei, die im Unendlichen verschwindet; V_0 wird aus der Nebenbedingung (4,6) festgelegt.

Der Dichteverlauf für Atome und Ionen, den man aus diesem Gleichungssystem erhält[1], ist im Verhältnis zu dem im vorangehenden Besprochenen wesentlich verbessert. Erstens verschwindet nämlich am Ort des Kerns die Singularität im Dichteverlauf: Die Elektronendichte geht am Ort des Kerns in eine Konstante über, und zweitens wird die Diskontinuität im Dichteverlauf am Atomrand behoben und die Dichte fällt in großer Entfernung vom Kern exponentiell auf Null ab. Beides ist in bester Übereinstimmung mit der Wellenmechanik.

Die WEIZSÄCKERsche Form der Inhomogenitätskorrektion ist nicht voll befriedigend, denn erstens kann sie nicht exakt begründet werden und zweitens liegt die Energie der Atome, die man mit dieser Korrektion erhält, zu hoch. Es wurde daher von verschiedenen Autoren der Versuch unternommen, für die Inhomogenitätskorrektion andere Ausdrücke herzuleiten[2], die jedoch ebenfalls mit verschiedenen Mängeln behaftet sind und daher nicht als endgültig betrachtet werden können.

Weitere Korrektionen und Erweiterungen. Es existieren noch weitere Korrektionen und Erweiterungen des statistischen Modells. Von diesen erwähnen wir hier nur die Gruppierung der Elektronen nach der Hauptquantenzahl. Im Falle dieser Erweiterung des statistischen Modells werden die Elektronen mit gleicher Hauptquantenzahl, d. h. die Elektronen der K-, L-, M-, ... Elektronenschalen, gesondert statistisch behandelt[3]. Hierdurch wird erreicht, daß im radialen Dichteverlauf der Elektronen die für die einzelnen Elektronenschalen charakteristischen Maxima, die aus den Verteilungen des self-consistent field wohl bekannt sind, in Er-

---

[1] Man vgl. P. GOMBÁS, II, S. 155.
[2] Man vgl. z. B. P. GOMBÁS, II, S. 151 ff.
[3] P. GOMBÁS und K. LADÁNYI, Acta Phys. Hung. **5**, 313, 1955; **7**, 255, 1957; **7**, 263, 1957; **8**, 301, 1958; Zs. f. Phys. **158**, 261, 1960; P. GOMBÁS und T. SZONDY, Acta Phys. Hung. **14**, 335, 1962; **17**, 371, 1964. Man vgl. auch P. GOMBÁS, Rev. Mod. Phys. **36**, 512, 1963.

scheinung treten und mit den self-consistent-field-Maxima eine sehr gute Übereinstimmung aufweisen. Dieses Modell, das im späteren Verlauf eine wichtige Rolle spielt, wird im § 16 ausführlich behandelt.

II. Austauschpotentiale

Wie dies im Rahmen der Fockschen Näherung des self-consistent field im § 1 gezeigt wurde, ist die sogenannte Austauschwechselwirkung von Teilchen eine typisch wellenmechanische „Wechselwirkung", die nur für Systeme, die aus gleichen Teilchen bestehen, in einer bestimmten wellenmechanischen Näherung in Erscheinung tritt. Sie ist eine Folge der Nichtunterscheidbarkeit der Teilchen, woraus in der Eigenfunktion des Gesamtsystems und somit auch in der Wechselwirkungsenergie der Teilchen zusätzliche Glieder, die sogenannten Austauschglieder, resultieren. Mit der Annahme, daß sich die Austauschglieder der Energie, die sogenannte Austauschenergie, als Folge einer Art Wechselwirkung zwischen den Teilchen betrachten läßt, spricht man von einer Austauschwechselwirkung zwischen den Teilchen.

Die Austauschwechselwirkung von Elektronen läßt sich nach § 1 durch das Austauschpotential (1,29) beschreiben. Das Austauschpotential ist ein Pseudopotential, das im Vergleich mit den üblichen elektrostatischen Potentialen den charakteristischen Unterschied aufweist, daß es auch von der Eigenfunktion desjenigen Elektrons abhängt, auf das es wirkt. Das Austauschpotential (1,29) geht aus der Fockschen Näherung hervor und gilt in dieser exakt, ist also nicht durch Vernachlässigungen vereinfacht. Da sich die Lösung der Fockschen Gleichungen mit dem komplizierten Ausdruck des Austauschpotentials sehr umständlich und weitläufig gestaltet, ist eine brauchbare Vereinfachung des Austauschpotentials sehr zweckdienlich. Dies wurde durch das mittlere Austauschpotential V_a^m, das in einer Gesamtheit von Elektronen im Mittel auf ein Elektron wirkt, und weiterhin durch das Austauschpotential V_a^u gegeben, das eine statistische Näherung für die Austauschwechselwirkung eines Elektrons im höchsten besetzten Energiezustand mit den übrigen Elektronen darstellt. Mit diesen Austauschpotentialen und deren Anwendungen befassen wir uns in diesem Kapitel; eine Korrektion dieser Potentiale befindet sich im Anhang.

§ 5. Das mittlere Austauschpotential V_a^m

Zur Herleitung des mittleren Austauschpotentials[1] gehen wir vom exakten Austauschpotential V_a aus, das sich nach (1,29) in bezug auf ein Elektron im Zustand $\varphi_k(q)$ folgendermaßen gestaltet

---

[1] Das mittlere Austauschpotential stammt von SLATER. Wir folgen hier seinen Ausführungen; man vgl. J. C. SLATER, Phys. Rev. **81**, 385, 1951.

§ 5. Das mittlere Austauschpotential V_a^m

$$V_a = e \int \frac{\varrho_\sigma(q,q')\,\varphi_k^*(q)\,\varphi_k(q')}{\varphi_k^*(q)\,\varphi_k(q)} \frac{1}{|\mathfrak{r}-\mathfrak{r}'|} dq'. \tag{5,1}$$

V_a ist von der Form eines Potentials, das von der Dichteverteilung

$$\frac{\varrho_\sigma(q,q')\,\varphi_k^*(q)\,\varphi_k(q')}{\varphi_k^*(q)\,\varphi_k(q)} \tag{5,2}$$

resultiert, die wir kurz Austauschdichte nennen wollen. Diese hängt von den Eigenfunktionen aller Elektronen [so auch von der Eigenfunktion $\varphi_k(q)$ des Bezugselektrons] für die Argumente q und q' ab.

Die Austauschdichte ist für alle Zustände φ_k des Bezugselektrons auf 1 normiert, d. h. über q' integriert ergibt sich der Wert 1, wie sich dies sofort zeigen läßt, wenn man in Betracht zieht, daß die Eigenfunktionen φ_k orthonormiert sind. Weiterhin ist zu sehen, daß die Austauschdichte für alle Zustände φ_k für den Fall $q' \to q$ in die Dichtefunktion $\varrho_\sigma(q)$ übergeht. Hieraus läßt sich schließen, daß sich die Austauschdichten für verschiedene Zustände φ_k des Bezugselektrons nicht stark unterscheiden. Es erweist sich daher als zweckmäßig, eine mittlere Austauschdichte einzuführen, was zu sehr großen Vereinfachungen führt. Zu einer solchen gelangt man, wenn man die für das Elektron im Zustand φ_k gültige Austauschdichte (5,2) über die Zustände des Bezugselektrons mittelt, indem man die Austauschdichte (5,2) mit dem auf 1 normierten Gewichtsfaktor

$$\frac{\varphi_k^*(q)\,\varphi_k(q)}{\sum\limits_{i=1}^{N} \varphi_i^*(q)\,\varphi_i(q)} \tag{5,3}$$

multipliziert und über alle Zustände summiert. Man erhält so mit Rücksicht auf die Definitionsgleichungen (1,19) und (1,13) der Dichtematrix $\varrho_\sigma(q,q')$ bzw. der Dichtefunktion $\varrho_\sigma(q)$ für die mittlere Austauschdichte den Ausdruck

$$\frac{\varrho_\sigma(q,q')\,\varrho_\sigma(q',q)}{\varrho_\sigma(q)} = \frac{|\varrho_\sigma(q,q')|^2}{\varrho_\sigma(q)}. \tag{5,4}$$

Wie auf S. 30 gezeigt wurde, ist dies gerade die Wahrscheinlichkeit dafür, daß man am Ort q' in der Volumeneinheit ein Elektron mit gleicher Spinrichtung wie das am Ort q befindliche *nicht* vorfindet, (5,4) ist also die Wahrscheinlichkeitsdichte des Austauschloches.

Man kann nun das Austauschpotential V_a statt mit der exakten Austauschdichte mit dieser mittleren Austauschdichte bilden, wodurch man zum mittleren Austauschpotential

$$V_a^m = e \int \frac{\varrho_\sigma(q,q')\,\varrho_\sigma(q',q)}{\varrho_\sigma(q)} \frac{1}{|\mathfrak{r}-\mathfrak{r}'|} dq' \tag{5,5}$$

gelangt, wo bei der Integration über q' zu beachten ist, daß diese — wie dies im § 1 schon erwähnt wurde — auch eine Summation über die beiden möglichen Einstellungen des Spins enthält. Wenn man in den Fockschen Gleichungen (1,30) statt des exakten Austauschpotentials V_a das mittlere

Austauschpotential V_a^m setzt, entstehen große Vereinfachungen. Allerdings muß man in Kauf nehmen, daß man hierdurch an Genauigkeit verliert, was jedoch nicht zu stark ins Gewicht fällt, da das Austauschpotential in den Gleichungen (1,30) nur ein verhältnismäßig kleines Korrektionsglied darstellt.

Wir wollen nun das mittlere Austauschpotential für das im § 2 behandelte freie Elektronengas berechnen, das aus N Elektronen besteht, die die $n = N/2$ Bahnzustände (2,33) doppelt besetzen. Die Dichtematrix $\varrho_\sigma(\mathfrak{r}, \mathfrak{r}')$ wurde für freie Elektronen im § 2 berechnet; wobei sich der Ausdruck (2,40) ergab. Nach Einsetzen dieses Ausdruckes in (5,5) läßt sich die Integration ganz ähnlich wie bei der Herleitung des Ausdruckes (3,22) durchführen und es ergibt sich mit Rücksicht auf (2,2)

$$V_a^m = \frac{3 p_\mu e}{h} = \frac{3}{2}\left(\frac{3}{\pi}\right)^{1/3} e \varrho^{1/3}, \tag{5,6}$$

wo ϱ die gesamte Dichte des freien Elektronengases bezeichnet.

Diesen für das freie Elektronengas gültigen Ausdruck kann man auch noch in der Weise berechnen, daß man vom Ausdruck der Austauschenergie η_a ausgeht, die aus der Austauschwechselwirkung eines Elektrons mit dem Impulsbetrag p mit allen übrigen Elektronen derselben Spinrichtung (und mit sich selbst) resultiert. Dieser Ausdruck lautet nach (3,8) und (3,9) folgendermaßen

$$\eta_a = -\frac{4 p_\mu e^2}{h} F(\xi) \tag{5,7}$$

mit

$$F(\xi) = \frac{1}{2} + \frac{1}{4}\frac{1-\xi^2}{\xi} \ln\left|\frac{1+\xi}{1-\xi}\right|, \tag{5,8}$$

wo $\xi = p/p_\mu$ ist[1]. Die mittlere Austauschenergie erhält man hieraus, wenn man η_a über alle in Frage kommenden Impulse, also von $p=0$ bis $p=p_\mu$, d. h. die Funktion $F(\xi)$ im Bereich von $\xi=0$ bis $\xi=1$ mittelt und in (5,7) statt $F(\xi)$ diesen Mittelwert setzt. Für den Mittelwert von F ergibt sich

$$\overline{F} = \frac{\int_0^1 F(\xi) \xi^2 d\xi}{\int_0^1 \xi^2 d\xi} = \frac{3}{4}. \tag{5,9}$$

Nach Einsetzen dieses Wertes in (5,7) folgt also mit Rücksicht auf (2,2) für die mittlere Austauschenergie $\bar{\eta}_a$ eines Elektrons

$$\bar{\eta}_a = -e V_a^m = -\frac{3 p_\mu e^2}{h} = -\frac{3}{2}\left(\frac{3}{\pi}\right)^{1/3} e^2 \varrho^{1/3}, \tag{5,10}$$

woraus sich für V_a^m der Ausdruck (5,6) ergibt.

---

[1] Der Verlauf der Funktion $F(\xi)$ ist in Abb. 2 auf S. 27 dargestellt.

Man hätte den Ausdruck (5,6) für V_a^m im wesentlichen mit demselben Gedankengang auch aus der Austauschenergie unseres freien Elektronengases (das aus N Elektronen im Volumen Ω besteht) unmittelbar gewinnen können. Für diese ergibt sich einerseits mit (3,11) der Ausdruck

$$A = A_D \Omega = -\varkappa_a \varrho^{4/3} \Omega \tag{5,11}$$

und andererseits mit dem mittleren Austauschpotential der Ausdruck

$$A = -\frac{1}{2} e V_a^m N = -\frac{1}{2} e V_a^m \varrho \Omega, \tag{5,12}$$

wo der Faktor 1/2 zur Vermeidung der doppelten Zählung der Elektronenpaare steht, zwischen denen eine Austauschwechselwirkung zustande kommt. Durch Gleichsetzen dieser beiden Ausdrücke erhält man für V_a^m unmittelbar den Ausdruck (5,6).

Das mittlere Austauschpotential für freie Elektronen hängt nur von der Elektronendichte ab. Der allgemeine Ausdruck (5,5) des mittleren Austauschpotentials für Elektronen in einem beliebigen Potentialfeld hängt im wesentlichen ebenfalls nur von der Elektronendichte ab[1]. Man dürfte daher keinen großen Fehler begehen, wenn man die Näherung in den Fockschen Gleichungen noch weiter treibt und in diesen statt des mittleren Austauschpotentials (5,5) den statistischen Ausdruck (5,6) des Austauschpotentials für freie Elektronen setzt[1], wo für ϱ die wellenmechanische Dichteverteilung der Elektronen zu setzen ist. Hierbei wurde stillschweigend vorausgesetzt, daß im Atom oder atomaren System, auf das wir die hier entwickelte Näherung anwenden, die Anzahl der Elektronen mit positiver und negativer Spinrichtung wenigstens annähernd gleich sei, da der statistische Ausdruck (5,6) nur für diesen Fall gültig ist. Durch die Ersetzung des Austauschpotentials durch den statistischen Ausdruck (5,6) treten in den Fockschen Gleichungen sehr große Vereinfachungen auf, wobei allerdings ein weiterer Verlust an Genauigkeit entsteht.

§ 6. Das Austauschpotential V_a^μ

Mit Hilfe des Ausdruckes (5,7), der die Energie darstellt, die in einem freien Elektronengas aus der Austauschwechselwirkung eines Elektrons mit dem Impulsbetrag p mit allen übrigen Elektronen derselben Spinrichtung (und mit sich selbst) resultiert, lassen sich Austauschpotentiale in bezug auf ein Elektron in einem beliebigen Zustand im freien Elektronengas, d. h. für einen beliebigen Impulsbetrag zwischen $p = 0$ und den maximalen Impulsbetrag $p = p_\mu$, angeben. Unter diesen spielt dasjenige Austauschpotential eine Rolle, das man für $p = p_\mu$ erhält. Dieses Austauschpotential,

---

[1] Man vgl. hierzu J. C. SLATER, Phys. Rev. **81**, 385, 1951.

das wir mit V_a^μ bezeichnen, repräsentiert also die Austauschwechselwirkung des Elektrons im höchsten Energiezustand des freien Elektronengases mit den Elektronen in den tiefer liegenden Energiezuständen.

Zur Herleitung des Ausdruckes für V_a^μ berechnen wir die Energie η_a^μ, die aus der Austauschwechselwirkung des Elektrons im höchsten Energiezustand ($p = p_\mu$) mit den übrigen Elektronen resultiert. η_a^μ ergibt sich aus (5,7) für $p = p_\mu$, d. h. für $\xi = 1$. Mit Rücksicht darauf, daß $F(1) = 1/2$ ist, folgt mit dem Zusammenhang (2,2)

$$\eta_a^\mu = -\frac{2 p_\mu e^2}{h} = -\left(\frac{3}{\pi}\right)^{1/3} e^2 \varrho^{1/3}. \qquad (6,1)$$

Diese Energie soll definitionsgemäß mit $-eV_a^\mu$ gleich sein, woraus sich für V_a^μ der Ausdruck

$$V_a^\mu = \left(\frac{3}{\pi}\right)^{1/3} e \varrho^{1/3} \qquad (6,2)$$

ergibt und aus einem Vergleich dieses Ausdruckes mit (5,6) die Beziehung

$$V_a^\mu = \frac{2}{3} V_a^m \qquad (6,3)$$

folgt.

Der Ausdruck (6,2) läßt sich auch auf eine andere Weise herleiten[1]. Hierzu ziehen wir wieder das im vorangehenden zugrunde gelegte Elektronengas am absoluten Nullpunkt der Temperatur in Betracht, in welchem die Elektronen alle Zustände von der tiefsten Energie bis zur Grenzenergie (2,4) voll besetzen. Es sei hier betont, daß sowohl die Anzahl N der Elektronen als auch deren Dichte ϱ als groß vorausgesetzt wird. Wir ergänzen nun dieses Elektronengas mit einer kleinen Anzahl n von Elektronen, deren im Verhältnis zu ϱ als klein vorausgesetzte Dichte wir mit ν bezeichnen, und berechnen die Austauschenergie des Gesamtsystems. Da sich bei einem freien Elektronengas die Elektronendichten superponieren, erhält man mit dem Ausdruck (3,11) für die Austauschenergie des Gesamtsystems pro Volumeneinheit in erster Näherung

$$A_D(\varrho + \nu) = -\varkappa_a(\varrho + \nu)^{4/3} \cong A_D(\varrho) + \frac{\partial A_D}{\partial \varrho}\nu = -\varkappa_a \varrho^{4/3} - \frac{4}{3}\varkappa_a \varrho^{1/3}\nu, \qquad (6,4)$$

wo wir auf der rechten Seite eine Reihenentwicklung nach der im Verhältnis zu ϱ als klein vorausgesetzten Größe ν vorgenommen haben, die nach dem zweiten Glied abgebrochen wurde. Das erste Glied auf der rechten Seite ist die Austauschenergie der Elektronen des ursprünglichen Elektronengases von der Dichte ϱ; das zweite Glied gibt in erster Näherung die Änderung der Austauschenergie des Elektronengases, die durch das Hinzu-

---

[1] P. GOMBÁS, Zs. f. Phys. **119**, 318, 1942; man vgl. auch R. GÁSPÁR, Acta Phys. Hung. **3**, 263, 1954.

§ 6. Das Austauschpotential V_a^μ

fügen der n Elektronen entsteht, alle Energien pro Volumeneinheit gerechnet. Diese Änderung der Austauschenergie ist in erster Näherung mit der Austauschenergie (pro Volumeneinheit) identisch, die aus der Austauschwechselwirkung der hinzugefügten Elektronen mit den Elektronen des ursprünglichen Elektronengases resultiert. Aus der Struktur dieses Gliedes ist zu sehen, daß sich diese Wechselwirkung durch das Potential $-(1/e) \times \partial A_D/\partial \varrho$ darstellen läßt. Daß es sich hierbei um das Austauschpotential handelt, das auf ein Elektron im energetisch höchsten Zustand wirkt, folgt daraus, daß im Gesamtsystem unseres Elektronengases die hinzugefügten n Elektronen die höchsten Energiezustände des Gesamtsystems besetzen, da alle Energiezustände bis zur Grenzenergie (2,4) von den N Elektronen des ursprünglichen Elektronengases voll besetzt sind. Man kann also

$$V_a^\mu = -\frac{1}{e}\frac{\partial A_D}{\partial \varrho} = \frac{4}{3}\frac{\varkappa_a}{e}\varrho^{1/3} \tag{6,5}$$

setzen, was mit Rücksicht auf (3,12) mit (6,2) identisch ist.

Wenn man in (6,5) für A_D den Ausdruck A/Ω aus (5,12) setzt, so folgt zwischen V_a^μ und V_a^m die Beziehung

$$V_a^\mu = \frac{1}{2} V_a^m + \frac{1}{6} \varrho^{1/3}\frac{\partial V_a^m}{\partial (\varrho^{1/3})}, \tag{6,6}$$

die mit (6,3) identisch ist.

Das Austauschpotential V_a^μ kann man zur näherungsweisen Berechnung der Austauschwechselwirkung des Elektrons im höchsten besetzten Energiezustand eines Atoms oder atomaren Systems mit den übrigen Elektronen, also z. B. zur näherungsweisen Berechnung der Austauschwechselwirkung eines Valenzelektrons mit den Rumpfelektronen in einem Atom heranziehen. In diesem Zusammenhang sei erwähnt, daß das Austauschpotential V_a^μ in der mit dem Austausch erweiterten THOMAS-FERMIschen Beziehung (4,21) in Erscheinung tritt, die für das Elektron im höchsten besetzten Energiezustand gilt.

Es sei noch erwähnt, daß man aus (5,7) sofort die Austauschenergie η_a^0 erhält, die aus der Austauschwechselwirkung des Elektrons im tiefsten Energieniveau mit den übrigen Elektronen resultiert. Man hat hierzu in (5,7) $p=0$, d. h. $\xi=0$ zu setzen und erhält mit Rücksicht darauf, daß $F(0)=1$ ist,

$$\eta_a^0 = -\frac{4 p_\mu e^2}{h} = -2\left(\frac{3}{\pi}\right)^{1/3} e^2 \varrho^{1/3}. \tag{6,7}$$

Man kann demnach die Austauschwechselwirkung des Elektrons im tiefsten Energiezustand mit den übrigen Elektronen durch das Austauschpotential

$$V_a^0 = 2\left(\frac{3}{\pi}\right)^{1/3} e \varrho^{1/3} = \frac{4}{3} V_a^m \tag{6,8}$$

darstellen. Anwendungen dieses Potentials sind nicht bekannt.

§ 7. Anwendungen und Erweiterungen der Austauschpotentiale

1. *Vereinfachung der* FOCK*schen Grundgleichungen des self-consistent field*. Eine der wichtigsten Anwendungen der Austauschpotentiale V_a^m und V_a^u besteht darin, daß man mit diesen die FOCKschen Grundgleichungen des self-consistent field vereinfachen und aus diesen vereinfachten Gleichungen die Eigenfunktionen und die Energieniveaus der Elektronen in Atomen mit verhältnismäßig geringer Mühe bestimmen kann. So wurden mit dem mittleren statistischen Austauschpotential V_a^m die Eigenfunktionen und die Energieniveaus der Elektronen des Cu^+-Ions berechnet[1]. Für das Cu-Atom und auch für das Cu^+-Ion wurden noch weitere Berechnungen durchgeführt, bei denen das Verfahren weiter vereinfacht wurde, und zwar in der Weise, daß man für das HARTREEsche Potential einen Näherungsausdruck gewählt und diesen mit dem Austauschpotential V_a^u ergänzt hat. Die Eigenfunktionen und Energieeigenwerte der Elektronen im Cu-Atom und Cu^+-Ion wurden dann aus den Grundgleichungen mit diesem Potential bestimmt[2]. Das erstere Verfahren, bei welchem V_a^m zur Anwendung gelangte, wird hauptsächlich für die inneren Elektronen des Atoms gute Resultate liefern. Das zweite Verfahren, bei welchem der Elektronenaustausch für alle Elektronen durch V_a^u ersetzt wurde, läßt nur für die äußeren Elektronen gute Resultate erwarten, da ja V_a^u nur für die Elektronen im höchsten Energiezustand der Atome gültig ist.

Bei diesen Verfahren, bei welchen das Bezugselektron im Atom im elektrostatischen und Austausch-Feld aller Elektronen des Atoms (inklusive des Bezugselektrons) behandelt wird, hat man später, zur Ausschaltung der elektrostatischen und Austausch-Selbstwechselwirkung des Bezugselektrons, den Ausdruck (5,6) für V_a^m so abgeändert, daß dieser in den Randgebieten des Atoms in das Negative des elektrostatischen Potentials des Bezugselektrons, d. h. in e/r übergehe, was zu guten Resultaten führt[3]. Im Falle von Valenzelektronen ist es konsequenter so vorzugehen, daß man diese im elektrostatischen und Austauschfeld V_a^u des Atomrumpfes behandelt (man vgl. den folgenden Abschnitt 2), wodurch zugleich das Problem der Kompensation der Selbstwechselwirkungen des Bezugselektrons wegfällt; V_a^u erweist sich jedoch in den Randgebieten des Rumpfes als viel zu groß (man vgl. den Abschnitt 2 und eine diesbezügliche Korrektion im Anhang).

2. *Berechnung der Austauschenergie von Valenzelektronen in Atomen.* Schon bedeutend früher als die obengenannten Anwendungen wurde das Austauschpotential V_a^u bei der Berechnung der Energieniveaus von Valenzelektronen in Atomen zur Berechnung der aus der Austauschwechsel-

---

[1] G. W. PRATT, Phys. Rev. 88, 1217, 1952.
[2] R. GÁSPÁR, Acta Phys. Hung. 3, 263, 1954.
[3] R. LATTER, Phys. Rev. 99, 510, 1955; F. HERMAN u. Sh. SKILLMAN, Atomic Structure Calculations, Prentice-Hall Inc., Englewood Cliffs, 1963.

§ 7. Anwendungen und Erweiterungen der Austauschpotentiale

wirkung der Valenzelektronen mit den Rumpfelektronen resultierenden Austauschenergie herangezogen[1]. Für den Fall eines Valenzelektrons im Zustand mit der auf 1 normierten Eigenfunktion ψ ergibt sich in dieser Näherung für die Austauschenergie mit den Rumpfelektronen

$$\eta_a = -e \int_0^{r_g} \psi^* V_a^u \psi \, dv. \tag{7,1}$$

Der Grenzradius r_g ist der Wert von r, für welchen die Dichte der Rumpfelektronen den Wert der Randdichte (4,26) des statistischen THOMAS-FERMI-DIRACschen Modells annimmt. Mit Ausnahme der leichten Atome liegen die Werte von r_g in der Nähe der Grenzradien r_0 der entsprechenden THOMAS-FERMI-DIRACschen Ionen.

Die Berechnungen, die mit dem Ausdruck (7,1) durchgeführt wurden, führten zu befriedigenden Resultaten. Hierzu war es jedoch notwendig, daß man die Integration auf der rechten Seite in (7,1) nicht bis $r = \infty$, sondern nur bis zum Grenzradius r_g erstreckt[1]. In dem Gebiet $r > r_g$ ist wegen der kleinen Werte der Rumpfelektronendichte ϱ das Austauschpotential V_a^u relativ viel zu groß, was davon herrührt, daß die statistischen Austauschpotentiale für kleine Dichten versagen. Dies kommt darin zum Ausdruck, daß V_a^u zu $\varrho^{1/3}$, d. h. zu einer kleinen Potenz von ϱ proportional ist, wodurch die Gebiete kleiner Elektronendichte zu stark betont werden. Brauchbare Werte für η_a erhält man, wenn man diese Gebiete ausschließt, d. h. die Integration nur bis $r = r_g$ erstreckt. Die Wahl des Wertes für den Grenzradius ergibt sich aus einem Vergleich mit dem THOMAS-FERMI-DIRACschen Modell, in welchem die Elektronendichte bei dem endlichen Grenzwert (4,26) abbricht und der Dichteverlauf beim Grenzradius r_0 diskontinuierlich auf Null abfällt. Dieser abrupte Abfall des Dichteverlaufes wird durch den Elektronenaustausch verursacht; bei Berücksichtigung des Austausches kann nämlich die Elektronendichte nur bis zum Grenzwert (4,26) absinken, kleinere Dichtewerte kommen jedoch nicht in Frage. Auf Grund dessen scheint es durchaus gerechtfertigt, dem statistischen Ausdruck (6,2) für das Austauschpotential nur im selben Dichtebereich Gültigkeit zuzuschreiben, woraus sich die weiter oben erwähnte Definition für den Grenzradius r_g ergibt. Allerdings kann diese Gültigkeitsbeschränkung des statistischen Austauschpotentials V_a^u nur bei der Energieberechnung akzeptiert werden, bei der Bestimmung der Eigenfunktion des Valenzelektrons wäre eine ähnliche Gültigkeitsbeschränkung von V_a^u keinesfalls zulässig, da dies zu einer Diskontinuität im Potentialverlauf führen würde. (Weiterentwicklung im Anhang.)

3. *Erweiterungen*. Die für kleine Elektronendichten bestehenden Mängel der statistischen Austauschpotentiale wurden für ein freies Elektronengas

---

[1] P. GOMBÁS, Zs. f. Phys. **119**, 318, 1942.

(Metallelektronengas) in der Nähe der durch einen unendlichen Potentialwall berandeten Oberfläche, wo die Dichte auf Null abfällt, eingehend untersucht[1]. Es ergab sich, daß die Mängel der statistischen Austauschpotentiale, die in Erscheinung treten, wenn man das Bezugselektron vom Inneren des Gases der Oberfläche nähert, d. h. wenn man mit der Dichte gegen Null geht, im wesentlichen davon herrühren, daß das Austauschloch, das das Bezugselektron umgibt, dem Bezugselektron bei der Annäherung an die Oberfläche nicht folgt, also die Tendenz zeigt, im Gebiet höherer Dichten zu verbleiben.

Schließlich sei erwähnt, daß der Versuch unternommen wurde, die im vorangehenden Paragraphen gegebene Definition des mittleren Austauschpotentials V_a^m zu verbessern, indem die Elektronen in Gruppen mit gleicher Nebenquantenzahl unterteilt und für jede dieser Gruppen eigenst ein mittleres Austauschpotential definiert wurde[2]. Hierdurch läßt sich tatsächlich eine bessere Näherung erzielen, jedoch wird das Verfahren umständlicher. Hierin dürfte auch die Ursache zu suchen sein, daß dieses verbesserte mittlere Austauschpotential kaum Anwendung gefunden hat[3].

III. Korrelationspotentiale

Solange man die Eigenfunktion der Elektronen in einem Atom oder atomaren System in der SLATERschen Determinantenform aus Einelektroneigenfunktionen aufbaut, besteht nur zwischen den Elektronen mit parallelem Spin eine Wechselbeziehung, und zwar ein gegenseitiges Ausweichen der Elektronen, als Folge dessen in der Dichteverteilung der Elektronen das in den Paragraphen 1 und 3 ausführlich behandelte Austauschloch entsteht. Dieses gegenseitige Ausweichen der Elektronen mit parallelem Spin ist eine Folge des PAULI-Prinzips. Wie im letzten Abschnitt des § 1 schon besprochen wurde, besteht aber auch zwischen den Elektronen mit antiparallelem Spin eine Wechselbeziehung: diese Elektronen bewegen sich nämlich auch nicht voneinander unabhängig, sondern sie sind — zufolge ihrer gegenseitigen elektrostatischen Abstoßung — bestrebt, sich voneinander in möglichst großer Entfernung aufzuhalten, was man kurz als Korrelation bezeichnet. In diesem Sinne kann man von einer Korrelationswechselwirkung sprechen.

Eine Korrelation besteht natürlich — wie dies ebenfalls schon erwähnt wurde — auch zwischen Elektronen mit parallelem Spin. Durch die Korrelation wird jedoch die für die Elektronen mit parallelem Spin zu-

---

[1] H. J. JURETSCHKE, Phys. Rev. 92, 1140, 1953.
[2] F. HERMAN, J. CALLAWAY und F. S. ACTON, Phys. Rev. 95, 371, 1954.
[3] Eine andere Erweiterung des Austauschpotentials V_a^μ wurde von P. SZÉPFALUSY (Acta Phys. Hung. 7, 357, 1957) vorgeschlagen, für das dasselbe zutrifft.

folge des PAULI-Prinzips bestehende gegenseitige Abdrängung nur unwesentlich beeinflußt. Die Korrelation ist also vorwiegend für Elektronen mit antiparallelem Spin von Bedeutung.

Die Berechnung der Korrelation ist, wie im § 1 schon erwähnt wurde, ein sehr schwieriges Problem. Man kann die Korrelationswechselwirkung bzw. die aus dieser resultierenden Glieder z. B. in der SCHRÖDINGER-Gleichung nicht in einer geschlossenen Form — so wie z. B. in den FOCKschen Gleichungen (1,30) den Elektronenaustausch — darstellen. Demzufolge ist es natürlich auch nicht möglich, für die Korrelationswechselwirkung ein auf wellenmechanischem Wege entwickeltes Pseudopotential anzugeben, wie dies im Falle der Austauschwechselwirkung möglich ist [man vgl. (5,1)]. Was im Falle der Korrelation in Richtung einer vereinfachten Darstellung erreicht werden konnte, ist die Herleitung von statistischen Pseudopotentialen, die sich ähnlich gestaltet wie die der statistischen Austauschpotentiale. Ganz ähnlich zu den statistischen Austauschpotentialen sind zwei statistische Korrelationspotentiale bekannt: das mittlere Korrelationspotential V_c^m, das näherungsweise im Mittel die Korrelationswechselwirkung eines Elektrons mit den übrigen ersetzt, sowie das Korrelationspotential V_c^μ, das näherungsweise die Korrelationswechselwirkung eines Elektrons im höchsten besetzten Energiezustand mit den übrigen Elektronen darstellt. Beide können natürlich nur eine sehr grobe, jedoch in manchen Fällen recht nützliche und aufschlußreiche Näherung der tatsächlichen Korrelationswechselwirkung geben. Mit diesen Korrelationspotentialen sowie deren Anwendungen wollen wir uns im folgenden befassen.

§ 8. Die Korrelationspotentiale V_c^m und V_c^μ

Die Grundlage der folgenden Ausführungen bildet der Ausdruck (3,36) für die Korrelationsenergie unseres freien Elektronengases im Grundzustand, das sich im Volumen Ω befindet und aus N Elektronen besteht. Nach diesem hat man für die Korrelationsenergie des Elektronengases

$$W = W_D \Omega = -g\left(\varrho^{1/3}\right) \varrho \, \Omega, \qquad (8,1)$$

wo $\varrho = N/\Omega$ die Dichte des freien Elektronengases bezeichnet und die Funktion g durch (3,34) definiert ist.

1. *Das mittlere Korrelationspotential* V_c^m. Unter dem mittleren Korrelationspotential verstehen wir das Potential, mit dem man im Mittel die Korrelationswechselwirkung zwischen zwei Elektronen ersetzen kann. Gemäß dieser Definition erhält man für die Korrelationsenergie des gesamten Elektronengases

$$W = W_D \Omega = -\frac{1}{2} e V_c^m N = -\frac{1}{2} e V_c^m \varrho \, \Omega, \qquad (8,2)$$

wo der Faktor 1/2 zur Vermeidung der doppelten Zählung der Elektronenpaare steht. Aus einem Vergleich mit (8,1) erhält man[1] also mit dem Ausdruck (3,34) für V_c^m

$$V_c^m = \frac{2}{e} g(\varrho^{1/3}) = \frac{2}{e} \frac{\beta_1}{\beta_2 + \varrho^{1/3}} \varrho^{1/3} + \frac{2}{e} \gamma_1 \ln(1 + \gamma_2 \varrho^{1/3}), \quad (8,3)$$

wo die Konstanten β_1, β_2, γ_1 und γ_2 durch (3,35) definiert sind. Der Verlauf von V_c^m ist zum Vergleich mit V_c^μ (man vgl. S 57 f.) in Abb. 6 dargestellt.

Bevor noch der genauere Ausdruck (3,34) für die Korrelationsenergie bekannt war, hat man für $g(\varrho^{1/3})$ den von WIGNER angegebenen Ausdruck

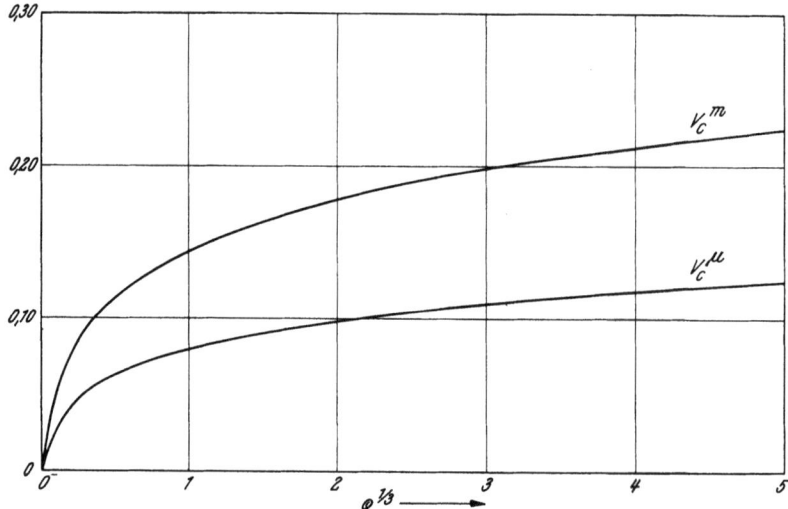

Abb. 6. V_c^m und V_c^μ als Funktionen von $\varrho^{1/3}$. Abszisse in $1/a_0$-, Ordinate in e/a_0-Einheiten.

(3,30) bzw. (3,27) benutzt. Mit (3,30) gestaltet sich V_c^m folgendermaßen

$$V_c^m = \frac{2}{e} g_3(\varrho^{1/3}) = \frac{2}{e} \frac{\alpha_1'}{\alpha_2' + \varrho^{1/3}} \varrho^{1/3}; \quad (8,4)$$

mit (3,27) ergibt sich für V_c^m ein Ausdruck von derselben Struktur mit dem Unterschied, daß in diesem der Wert der Konstante α_2' abgeändert ist[2] [man vgl. (3,27) und (3,30)]. Diese älteren Ausdrücke für V_c^m spielen bei einigen älteren Anwendungen eine Rolle.

Das Verhalten des mittleren Korrelationspotentials V_c^m bei sehr kleinen und sehr großen Dichten kann aus dem für diese Grenzfälle exakt gültigen Ausdruck (8,3) sofort festgestellt werden. Es ergibt sich

---

[1] P. GOMBÁS, Fortschritte der Physik **13**, 137, 1965.
[2] J. CALLAWAY, Phys. Rev. **95**, 656, 1954; H. MITLER, Phys. Rev. **99**, 1835, 1955.

§ 8. Die Korrelationspotentiale V_c^m und V_c^μ

für $\varrho\, a_0^3 \ll 10^{-4}$, $\quad V_c^m = \dfrac{2}{e}\left(\dfrac{\beta_1}{\beta_2} + \gamma_1\gamma_2\right)\varrho^{1/3} = 1{,}418\, e\, \varrho^{1/3}$ (8,5)

und für $\varrho\, a_0^3 \gg 1$, $\quad V_c^m = \dfrac{2}{e}\dfrac{\gamma_1}{3}\ln(\varrho\, a_0^3) = 0{,}021\,\dfrac{e}{a_0}\ln(\varrho\, a_0^3)$. (8,6)

Mit dem für große ϱ weniger genauen WIGNERschen Ausdruck (8,4) erhält man für sehr kleine Dichten das mit (8,5) übereinstimmende Resultat $V_c^m = [2\,\alpha_1'/(\alpha_2'\,e)]\,\varrho^{1/3} = 1{,}418\,e\,\varrho^{1/3}$. Für sehr große Dichten ergibt sich für V_c^m die Konstante $V_c^m = 2\,\alpha_1'/e = 0{,}113\,e/a_0$, während sich der exakte Ausdruck in diesem Falle wie $(0{,}021\,e/a_0)\ln(\varrho\,a_0^3)$ verhält.

2. *Das Korrelationspotential* V_c^μ. Geradeso wie bei der Austauschwechselwirkung läßt sich auch hier noch ein weiteres Pseudopotential, und zwar das Korrelationspotential, definieren, das in einem freien Elektronengas aus der Korrelationswechselwirkung des Elektrons im höchsten besetzten Energiezustand mit den übrigen Elektronen resultiert und das wir mit V_c^μ bezeichnen[1]. Geradeso wie bei der Herleitung des Austauschpotentials V_a^μ nehmen wir an, daß sich unser Elektronengas am absoluten Nullpunkt der Temperatur, d. h. im Grundzustand befindet. Wir ergänzen nun das aus einer großen Anzahl N von Elektronen bestehende Elektronengas von der als groß vorausgesetzten Dichte ϱ geradeso wie dort mit einer kleinen Anzahl n von Elektronen, deren Dichte ν sei, von der wir voraussetzen, daß sie im Verhältnis zu ϱ klein sei. Die n Elektronen besetzen im Gesamtsystem die höchsten Energiezustände, da die tieferen von den N Elektronen des ursprünglichen Gases schon vollbesetzt waren. Zur Herleitung des Korrelationspotentials V_c^μ berechnen wir die Korrelationsenergie des aus den $N+n$ Elektronen bestehenden Gesamtsystems. Mit Rücksicht darauf, daß sich bei einem freien Elektronengas die Elektronendichten einfach superponieren, erhält man für die Korrelationsenergie des Gesamtsystems pro Volumeneinheit in erster Näherung

$$W_D(\varrho+\nu) = W_D(\varrho) + \dfrac{\partial W_D}{\partial \varrho}\nu + \dots,\qquad (8,7)$$

wo wir $W_D(\varrho+\nu)$ nach der im Verhältnis zu ϱ als klein vorausgesetzten Dichte ν in eine Reihe entwickelt und die Reihe nach dem zweiten Glied abgebrochen haben. Das erste Glied auf der rechten Seite ist die Korrelationsenergie des ursprünglichen aus N Elektronen bestehenden Elektronengases. Das zweite Glied gibt in erster Näherung die Änderung der Korrelationsenergie des Elektronengases pro Volumeneinheit, die durch die Hinzunahme der n Elektronen entsteht. Diese Energieänderung ist in erster Näherung mit der Korrelationsenergie identisch, die aus der Korrelationswechselwirkung der n Elektronen in den höchsten besetzten Energiezuständen mit den übrigen Elektronen resultiert. Aus (8,7) ist

---

[1] P. GOMBÁS, Acta Phys. Hung. **4**, 187, 1954; **13**, 233, 1961.

zu sehen, daß man diese Wechselwirkung durch das Potential $-(1/e)\,\partial W_D/\partial\varrho$ darstellen kann. Man erhält also mit Rücksicht auf (3,36)

$$V_c^\mu = -\frac{1}{e}\frac{\partial W_D}{\partial \varrho} = \frac{1}{e}g(\varrho^{1/3}) + \frac{1}{e}\varrho\,\frac{\partial g(\varrho^{1/3})}{\partial \varrho}, \qquad (8,8)$$

woraus mit (3,34) für V_c^μ der Ausdruck

$$V_c^\mu = \frac{1}{e}\frac{\beta_1}{3}\frac{4\beta_2 + 3\varrho^{1/3}}{(\beta_2 + \varrho^{1/3})^2}\varrho^{1/3} + \frac{1}{3e}\gamma_1\gamma_2\frac{\varrho^{1/3}}{1 + \gamma_2\varrho^{1/3}} + \frac{1}{e}\gamma_1\ln(1 + \gamma_2\varrho^{1/3}) \qquad (8,9)$$

folgt. Der Verlauf von V_c^μ als Funktion von $\varrho^{1/3}$ ist zusammen mit V_c^m in Abb. 6 dargestellt, woraus zu sehen ist, daß V_c^μ durchweg kleiner ist als V_c^m.

Noch bevor der hier benutzte Ausdruck (3,34) für g bekannt war, wurde für V_c^μ mit den weniger genauen WIGNERschen Funktionen g_1 und g_3 [man vgl. (3,27) und (3,30)] aus (8,8) ein Ausdruck hergeleitet, der mehrfach zur Anwendung gelangte[1]. Mit dem Ausdruck g_3 [man vgl. (3,30)] ergibt sich aus (8,8)

$$V_c^\mu = \frac{1}{e}\frac{\alpha_1'}{\alpha_2' + \varrho^{1/3}}\varrho^{1/3} + \frac{1}{3e}\frac{\alpha_1'\alpha_2'}{(\alpha_2' + \varrho^{1/3})^2}\varrho^{1/3}. \qquad (8,10)$$

Das Verhalten des Ausdruckes (8,9) für das Korrelationspotential V_c^μ bei sehr kleinen und sehr großen Dichten läßt sich aus (8,9) sofort feststellen. Es ergibt sich

$$\text{für } \varrho a_0^3 \ll 10^{-4}, \qquad V_c^\mu = \frac{4}{3e}\left(\frac{\beta_1}{\beta_2} + \gamma_1\gamma_2\right)\varrho^{1/3} = 0{,}95\,e\,\varrho^{1/3} \qquad (8,11)$$

und für $\varrho a_0^3 \gg 1$, $\qquad V_c^\mu = \frac{1}{3e}\gamma_1\ln(\varrho a_0^3) = 0{,}010\,\frac{e}{a_0}\ln(\varrho a_0^3). \qquad (8,12)$

Das weniger genaue Korrelationspotential (8,10) verhält sich bei sehr kleinen Dichten wie $(4\alpha_1'/3\alpha_2'e)\,\varrho^{1/3} = 0{,}95\,e\varrho^{1/3}$ und bei sehr großen Dichten wie $\alpha_1'/e = 0{,}056\,e/a_0$. Bei sehr kleinen Dichten stimmt also (8,10) mit (8,9) überein, bei großen Dichten besteht jedoch im Verhältnis zu (8,9) ein wesentlicher Unterschied, da dort (8,10) in eine Konstante übergeht, während sich der genaue Ausdruck (8,9) wie $0{,}010\,\frac{e}{a_0}\ln(\varrho a_0^3)$ verhält.

Es sei noch erwähnt, daß man aus (8,8) mit dem Ausdruck (8,2) für W_D den folgenden Zusammenhang zwischen V_c^μ und V_c^m erhält

$$V_c^\mu = \frac{1}{2}V_c^m + \frac{1}{6}\varrho^{1/3}\frac{\partial V_c^m}{\partial(\varrho^{1/3})}, \qquad (8,13)$$

der das Analogon des für die entsprechenden Austauschpotentiale bestehenden Zusammenhanges (6,6) darstellt.

---

[1] Z. B. P. GOMBÁS, Acta Phys. Hung. 4, 187, 1954.

§ 9. Anwendungen der Korrelationspotentiale

1. *Erweiterung der Grundgleichungen des self-consistent field.* Mit den Korrelationspotentialen läßt sich die Focksche Näherung des self-consistent field erweitern. Die Focksche Näherung ist bekanntlich die beste Näherung, die man mit Einelektroneigenfunktionen erzielen kann. Wenn man in den Fockschen Gleichungen (1,30) neben dem elektrostatischen Potential V_e und dem Austauschpotential V_a noch das mittlere Korrelationspotential in Betracht zieht, so geht man über die Focksche Näherung hinaus. Für die Elektronen eines Atoms wird man mit Ausnahme der Valenzelektronen das mittlere Korrelationspotential V_c^m und für die Valenzelektronen das Korrelationspotential V_c^u heranziehen. Da die Korrelationspotentiale im Verhältnis zu dem elektrostatischen Potential und dem Austauschpotential klein sind, kann der Einfluß der Korrelation auf die Eigenfunktionen und die Energien der Elektronenzustände durch ein Störungsverfahren bestimmt werden.

Auf diese Weise wurde die Korrelationsenergie des He-Atoms im Grundzustand berechnet[1], wobei sich eine sehr gute Übereinstimmung mit der Erfahrung ergab. Hierzu ist jedoch folgendes zu sagen. Erstens ist das He-Atom mit nur zwei Elektronen das am wenigsten geeignete Atom, bei welchem sich die für eine große Elektronenzahl entwickelten statistischen Korrelationspotentiale erproben lassen, und zweitens wurde im zugrunde gelegten mittleren Korrelationspotential die für große Dichten unrichtige Wignersche Funktion (3,27) benutzt. Bei Benutzung des genaueren Ausdruckes (8,3) für das mittlere Korrelationspotential würde sich für die Korrelationsenergie voraussichtlich ein größerer Betrag ergeben, mit dem die Übereinstimmung weniger gut wäre. Obwohl man also der mit dem Wignerschen Ausdruck erhaltenen guten Übereinstimmung der Korrelationsenergie des He-Atoms mit der Erfahrung keine allzu große Bedeutung beimessen darf, zeigt diese Anwendung, daß das Korrelationspotential auch für dieses extreme Beispiel wie das He-Atom die richtige Größenordnung hat, was in Anbetracht der Kompliziertheit der mit der Korrelation verbundenen Berechnungen immerhin ein nutzbares Resultat ist.

2. *Berechnung der Korrelationsenergie von Atomelektronen.* Das Korrelationspotential V_c^u in einer etwas anderen Form als (8,8) wurde neuestens zur Berechnung der Eigenfunktion und Energieniveaus der äußersten p-Elektronen in den Atomen Ne, Ar und Kr angewendet[2]. Es ergab sich in allen drei Fällen, daß durch die Korrelation die betreffenden Elektronen

---

[1] H. Mitler, Phys. Rev. 99, 1835, 1955.
[2] S. Lundqvist und C. W. Ufford, Phys. Rev. 139, A, 1, 1965. Der explicite Ausdruck für das in dieser Arbeit zugrunde gelegte Korrelationspotential ist nicht angegeben; es wird hierzu auf eine demnächst erscheinende Arbeit von L. Hedin hingewiesen.

etwas in das Innere des Atoms gedrängt werden. Dies ist auch zu erwarten, da aus der Korrelation eine Anziehung resultiert. Diese mit der Korrelationskorrektion bestimmten Eigenfunktionen wurden zur Berechnung der diamagnetischen Suszeptibilitäten der Atome Ne, Ar und Kr herangezogen, wobei sich eine ausgezeichnete Übereinstimmung mit der Erfahrung ergab. Dies läßt darauf schließen, daß die auf diese Weise berechneten Eigenfunktionen eine sehr gute Näherung darstellen.

Die Korrelationsenergie η_c, die aus der Korrelationswechselwirkung eines Elektrons im höchsten besetzten Zustand des Atoms mit den übrigen Elektronen resultiert, ergibt sich folgendermaßen[1]

$$\eta_c = -e \int \psi^* V_c^\mu \psi \, dv, \qquad (9,1)$$

wo ψ die auf 1 normierte Eigenfunktion des Elektrons im höchsten besetzten Zustand des Atoms bezeichnet. Für die Energie der äußersten p-Elektronen der Edelgasatome Ne, Ar und Kr führt die Korrelationsenergie η_c zu einer Verbesserung der berechneten Werte im Vergleich mit den empirischen. Während die ohne Korrelationskorrektion berechneten Energien im Verhältnis zu den experimentellen merklich (etwa um 10%) zu groß sind, liegen die mit der Korrelationskorrektion η_c ergänzten Energien etwas (etwa um 4 bis 7%) zu tief[2]. Die mit dem Korrelationspotential berechnete Korrelationsenergie erweist sich also ihrem Betrag nach als etwas zu groß.

3. *Korrelationsenergie von Atomen.* Das mittlere Korrelationspotential kann man zur Berechnung der Korrelationsenergie η_c^A aller Elektronen eines Atoms heranziehen. Für diese ergibt sich

$$\eta_c^A = -\frac{1}{2} e \int V_c^m \varrho \, dv, \qquad (9,2)$$

wo man für V_c^m den Ausdruck (8,3) zu setzen hat. Wenn man für ϱ z. B. die Dichte des THOMAS-FERMIschen Atoms setzt, so kann man auf diese Weise η_c^A auf numerischem Wege berechnen.

Eine grobe Schätzung für η_c^A erhält man folgendermaßen. Der Integrand in (9,2) ist in denjenigen Gebieten des Atoms groß, wo ϱ groß ist. Wenn wir für V_c^m den groben Näherungsausdruck (8,4) wählen, so können wir für große ϱ-Werte $V_c^m = \frac{2}{e} \alpha_1'$ setzen und erhalten[3]

$$\eta_c^A = -\alpha_1' \int \varrho \, dv = -\alpha_1' N = -0{,}056 \, N \frac{e^2}{a_0} = -1{,}5 \, N \, e\text{-Volt}, \qquad (9,3)$$

wo N die Anzahl der Elektronen des Atoms bezeichnet. In dieser groben

---

[1] Man vgl. auch P. GOMBÁS, Acta Phys. Hung. **4**, 187, 1954; **13**, 233, 1961.
[2] S. LUNDQVIST und C. W. UFFORD, Phys. Rev. **139**, A, 1, 1965.
[3] P. GOMBÁS, I, S. 104.

Näherung ist also η_c^A zu N proportional. Dieses Resultat stimmt befriedigend mit den Resultaten wellenmechanischer Berechnungen[1] der Korrelationsenergie überein, aus denen sich für die Korrelationsenergie pro Elektron etwa $-1\,e$-Volt ergibt. Bei Zugrundelegung des genaueren Ausdruckes (8,3) für V_c^m wäre der Proportionalitätsfaktor vor N in (9,3) keine Konstante, sondern würde eine geringe Abhängigkeit von Z und N aufweisen, weiterhin würde sich der Betrag von η_c^A wahrscheinlich etwas vergrößern.

IV. Statistische Besetzungsverbotpotentiale

Die Besetzungsvorschrift von Elektronenzuständen ergibt sich aus dem PAULI-Prinzip und besagt, daß ein vollständig (d. h. durch Bahn- und Spinzustand) definierter Quantenzustand eines Elektrons höchstens durch ein Elektron besetzt werden kann. Hieraus folgt z. B. in bezug auf die Valenzelektronen eines Atoms einerseits das Besetzungsverbot der von den Rumpfelektronen vollbesetzten Quantenzustände, wonach die Valenzelektronen nicht in die von den Rumpfelektronen vollbesetzten energetisch tiefer liegenden Quantenzustände hinabstürzen können und andererseits die Einschränkung, daß ein Valenzelektronenzustand höchstens von einem Valenzelektron besetzt werden kann. Das Besetzungsverbot der von den Rumpfelektronen vollbesetzten Quantenzustände kann man im Falle eines elektronenreichen Rumpfes auf Grund einer statistischen Behandlungsweise der Rumpfelektronen näherungsweise durch ein nicht-klassisches Abstoßungspotential ersetzen, durch das z. B. bei der Berechnung der Energien und Eigenfunktionen der Valenzelektronen in schweren Atomen sehr große Vereinfachungen entstehen. Für dieses nicht-klassische Abstoßungspotential, das wir Besetzungsverbotpotential nennen wollen, lassen sich verschiedene Ausdrücke (G_l, F_l, S_λ) herleiten.

Als Vorbereitung zur Herleitung dieser Pseudopotentiale befassen wir uns zunächst im § 10 mit einer Begründung der BOHR-SOMMERFELDschen Quantenbedingung für den radialen Impuls und entwickeln im Anschluß hieran ein vereinfachtes WENTZEL-KRAMERS-BRILLOUINsches Verfahren. In den Paragraphen 11, 12 und 13 bringen wir eine Herleitung der Besetzungsverbotpotentiale G_l, F_l und S_λ. Dem folgt im § 14 eine halbempirische Darstellung der Pseudopotentiale G_l und F_l. Als Abschluß dieses Kapitels befassen wir uns in den Paragraphen 15 und 16 mit verschiedenen Anwendungen der Pseudopotentiale; im Rahmen dieser wird im § 16 ein vereinfachtes self-consistent field für Atome entwickelt, das sich für das nächste Kapitel als wesentlich erweist.

---

[1] Man vgl. z. B. E. CLEMENTI, Journ. Chem. Phys. **38**, 2248, 1963; **39**, 175, 1963; IBM Journ. of Research and Development **9**, 2, 1965.

In diesem nächsten Kapitel bringen wir eine wellenmechanische Herleitung der Besetzungsverbotpotentiale, die in der Wellenmechanik die Form von nicht-lokalen Operatoren haben. Es läßt sich zeigen (man vgl. § 18), daß diese wellenmechanischen Besetzungsverbot-Operatoren für eine große Elektronenzahl in die statistischen Besetzungsverbotpotentiale übergehen, wodurch diese auch seitens der Wellenmechanik begründet werden.

§ 10. Vereinfachtes WENTZEL-KRAMERS-BRILLOUINsches Verfahren mit einer Begründung der Quantenbedingung für den radialen Impuls

Den folgenden halbklassisch-statistischen Betrachtungen[1] legen wir ein schweres Atom zugrunde, dessen Rumpf abgeschlossene Elektronenschalen besitzt und in dem sich außerhalb des Rumpfes im energetisch tiefsten Valenzelektronenzustand mit der Nebenquantenzahl l eine Anzahl von Valenzelektronen befindet. Wir müssen nun noch diese Anzahl festlegen. Die Anzahl der Elektronen in einem Zustand mit der Nebenquantenzahl l kann sich zwischen den Werten 1 und $2(2l+1)$ bewegen. Der statistischen Behandlungsweise, bei der man die Elektronen als pulverisiert betrachtet, dürfte es besser entsprechen, wenn man für die untere Grenze statt 1 den Wert 0 setzt. Bei unserer globalen, statistischen Behandlungsweise der Elektronen kann man die optimale Näherung erwarten, wenn man für die Anzahl der Valenzelektronen im energetisch tiefsten Zustand mit der Nebenquantenzahl l den Mittelwert des minimalen und maximalen Wertes, d. h. den Wert $2l+1$ setzt, das wir in diesem Paragraphen auch tun wollen.

Die Valenzelektronen befinden sich im höchsten besetzten Energiezustand des Atoms mit dem maximalen Impuls vom Betrag p_μ. Der klassische Energieausdruck eines der Valenzelektronen in diesem Energiezustand lautet folgendermaßen

$$\frac{p_\mu^2}{2m} - Ve = \varepsilon_\mu, \qquad (10,1)$$

wo V das elektrostatische Potential und ε_μ die Energie des Valenzelektrons bezeichnen.

Von der kinetischen Energie in (10,1) läßt sich der azimutale Anteil abspalten und man erhält

$$\frac{p_{r\mu}^2}{2m} + \frac{h^2}{8\pi^2 m}\frac{k^2}{r^2} - Ve = \varepsilon_\mu, \qquad (10,2)$$

wo $p_{r\mu}$ den radialen Impuls des Valenzelektrons, d. h. des Elektrons im höchsten besetzten Energiezustand des Atoms bedeutet. k ist die azimutale Quantenzahl, für die wir gemäß dem üblichen Kompromiß zwischen der älteren und neuen Quantentheorie den Wert $k=l+\frac{1}{2}$ setzen[2].

---

[1] Diese schließen sich eng an die Arbeit von P. GOMBÁS, Zs. f. Phys. **172**, 293, 1963 an.

[2] Man vgl. hierzu auch die Seiten 14—18.

§ 10. Vereinfachtes Wentzel-Kramers-Brillouinsches Verfahren

Für $p_{r\mu}$ stehen uns zwei Ausdrücke zur Verfügung: einerseits der Ausdruck, den man aus (10,2) erhält

$$p_{r\mu} = \left[2m\left(\varepsilon_\mu + Ve - \gamma^2 \frac{k^2}{r^2}\right)\right]^{1/2} \tag{10,3}$$

mit

$$\gamma^2 = \frac{h^2}{8\pi^2 m} = \frac{1}{2} e^2 a_0, \tag{10,4}$$

und andererseits der Ausdruck (2,13), wonach

$$p_{r\mu} = \frac{h}{4(2l+1)} D_l \tag{10,5}$$

ist und wo D_l die radiale Dichte der Elektronen mit der Nebenquantenzahl l bezeichnet.

Wir wollen zunächst den letzteren zugrunde legen, der unmittelbar zur BOHR-SOMMERFELDschen Quantenbedingung führt. Wenn man beide Seiten von (10,5) mit 2 multipliziert und über den klassischen Bahnbereich von r ($r_1 \leq r \leq r_2$) integriert, so folgt

$$2\int_{r_1}^{r_2} p_{r\mu}\, dr = \frac{h}{2(2l+1)} \int_{r_1}^{r_2} D_l\, dr = \frac{h}{2(2l+1)} N_l, \tag{10,6}$$

wo N_l die Anzahl der Elektronen des Atoms bedeutet, die sich in Quantenzuständen mit der Nebenquantenzahl l befinden. Diese Anzahl wollen wir nun mit den Quantenzahlen ausdrücken. Wir bezeichnen die radiale Quantenzahl des energetisch höchsten besetzten Zustandes des Atoms mit der Nebenquantenzahl l, d. h. die radiale Quantenzahl der Valenzelektronen des in Betracht gezogenen Atoms mit $n_{r\mu}$. Die energetisch tiefer liegenden Rumpfelektronenzustände, d. h. die Zustände mit den radialen Quantenzahlen $0, 1, 2, \ldots, n_{r\mu} - 1$, sind voraussetzungsgemäß voll besetzt. Da jeder dieser Zustände $2(2l+1)$-fach entartet ist, bedeutet dies, daß sich in diesen vollbesetzten Zuständen insgesamt $2(2l+1) n_{r\mu}$ Elektronen mit der Nebenquantenzahl l befinden. Der Valenzelektronenzustand mit der radialen Quantenzahl $n_{r\mu}$ ist, wie ebenfalls vorausgesetzt wurde, bis zur Hälfte, d. h. mit $2l+1$ Elektronen besetzt. Die gesamte Anzahl der Elektronen mit der Nebenquantenzahl l im Atom beträgt also

$$N_l = 2(2l+1) n_{r\mu} + 2l + 1 = 2(2l+1)\left(n_{r\mu} + \frac{1}{2}\right). \tag{10,7}$$

Nach Einsetzen dieses Wertes in (10,6) folgt

$$2\int_{r_1}^{r_2} p_{r\mu}\, dr = \oint p_{r\mu}\, dr = \left(n_{r\mu} + \frac{1}{2}\right) h, \tag{10,8}$$

was mit der BOHR-SOMMERFELDschen Quantenbedingung für den radialen Impuls identisch ist. Die Quantenbedingung ergibt sich hier als eine naturgemäße Normierungsbedingung der radialen Elektronendichte $\frac{2}{h} 2\,(2\,l+1)\,p_{r\mu}$, deren Integral in dem zur Verfügung stehenden Raum, d. h. im klassischen Bahnbereich, mit der Anzahl der Elektronen identisch sein muß.

Es sei noch darauf hingewiesen, daß sich bei unserer Herleitung von (10,8) auch die halbzahlige Quantelung im besten Einklang mit der WENTZEL-KRAMERS-BRILLOUINschen Methode richtig ergibt. Allerdings erhält man in (10,8) die halbzahlige Quantelung nur, wenn man voraussetzt, daß der Valenzelektronenzustand bis zur Hälfte mit Valenzelektronen besetzt sei. [Bei einer anderen Besetzung würden sich in (10,8) neben $n_{r\mu}$ statt 1/2 andere Zahlen ≤ 1 ergeben.] Die Besetzung des Valenzelektronenzustandes bis zur Hälfte kann jedoch unseres Erachtens nach nicht als ganz willkürlich betrachtet werden, denn — wie schon am Anfang dieses Paragraphen erwähnt wurde — wird man bei einer globalen, statistischen Behandlungsweise der Elektronen in einem nicht vollbesetzten Valenzelektronenzustand gerade bei dieser Besetzung die besten Resultate erwarten können.

Was die Bestimmung des Energieeigenwertes anbelangt, gelangt man also zur WENTZEL-KRAMERS-BRILLOUINschen Methode. Die Bestimmung des Eigenwertes erfolgt mit Hilfe der Quantenbedingung (10,8) in der üblichen Weise, indem man in (10,8) für $p_{r\mu}$ den Ausdruck (10,3) setzt und ε_μ so bestimmt, daß (10,8) erfüllt sei.

Im Besitz von ε_μ können wir mit unseren bisherigen Resultaten auch bezüglich der Verteilung der Valenzelektronen Feststellungen machen, die allerdings nur von rein qualitativer Natur sind. Aus (10,3) und (10,5) folgt

$$D_l = \frac{2(2l+1)}{\pi}\frac{1}{\gamma}\left(\varepsilon_\mu + Ve - \gamma^2\frac{k^2}{r^2}\right)^{1/2}. \tag{10,9}$$

In erster Näherung ist D_l eine einfache Superposition der radialen Dichteverteilung D_{l0} der Rumpfelektronen mit der Nebenquantenzahl l und der radialen Verteilungsfunktion P_l der Valenzelektronen; man kann also

$$D_l = D_{l0} + P_l \tag{10,10}$$

setzen. Mit diesem Zusammenhang ergibt sich für P_l der Ausdruck

$$P_l = \frac{2(2l+1)}{\pi}\frac{1}{\gamma}\left(\varepsilon_\mu + Ve - \gamma^2\frac{k^2}{r^2}\right)^{1/2} - D_{l0}, \tag{10,11}$$

der nur für positive Werte und den Wert Null Gültigkeit hat und für negative Werte identisch gleich Null zu setzen ist.

Mit diesem Ausdruck wurden mehrere Berechnungen durchgeführt. Hier seien kurz die Resultate für das Valenzelektron im K-Atom im Grundzustand (4s-Zustand) erwähnt[1], die die wesentlichen Züge enthalten. Wenn

---

[1] P. GOMBÁS, Zs. f. Phys. **172**, 293, 1963.

§ 10. Vereinfachtes Wentzel-Kramers-Brillouinsches Verfahren 65

man für V und D_{l_0} die HARTREEschen Verteilungen des K^+-Ions[1] einsetzt, so folgt für P_l der in Abb. 7 dargestellte Verlauf. Die drei im Inneren des Rumpfes liegenden Maxima entsprechen den drei Maxima der exakten wellenmechanischen Verteilung und liegen an den Stellen, wo D_{l_0} Minima aufweist. Es ist überraschend, daß man mit diesen primitiven Überlegungen über diese inneren Maxima, wenn auch nur durchaus qualitativ, aber immerhin einen Aufschluß bekommt.

Diese rein qualitativen Überlegungen sollen in erster Linie zur Vorbereitung der in den folgenden Paragraphen gegebenen Herleitung der Besetzungsverbotpotentiale dienen. Es lag uns hier daran zu zeigen, daß die Valenzelektronen durch die Anwesenheit der Rumpfelektronen mit derselben Nebenquantenzahl wie die Valenzelektronen vom vollbesetzten Rumpf abgedrängt werden, was aus dem Ausdruck (10,11) unmittelbar zu sehen ist. In diesem bewirkt nämlich das durch die Rumpfelektronen bedingte negative Glied $-D_{l_0}$ auf der rechten Seite, daß die Valenzelektronen nicht in den Rumpf stürzen und sich im wesentlichen am Rand des Atoms aufhalten. Diese Abdrängung der Valenzelektronen durch die Rumpfelektronen mit gleicher Nebenquantenzahl hat nichts mit der gegenseitigen elektrostatischen Abstoßung der Elektronen zu tun, sondern ist nicht-klassischen Ursprungs und geht auf das PAULIsche Besetzungsverbot zurück, woraus der Ausdruck (10,5) folgt, der in Verbindung mit (10,10) und (10,3) zu dem Zusammenhang (10,11) führt.

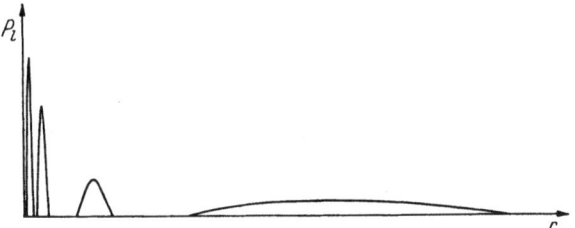

Abb. 7. P_l als Funktion von r für das Valenzelektron im $4s$-Zustand des K-Atoms (aus P. GOMBÁS, Zs. f. Phys. **172**, 293, 1963).

Daß die Valenzelektronen keinen vollbesetzten Rumpfelektronenzustand besetzen können, sondern im vollbesetzten Rumpf durch die Rumpfelektronen mit derselben Nebenquantenzahl wie die Valenzelektronen in den energetisch tiefsten freien Valenzelektronenzustand gedrängt werden, geht auch sehr anschaulich aus der Herleitung der Quantenbedingung (10,8) hervor. Das Integral über D_l in (10,6) gibt nämlich die Anzahl N_l der Elektronen mit der Nebenquantenzahl l im Atom, die sich aus der Anzahl der Valenzelektronen und der entsprechenden Rumpfelektronen zusammensetzt. Wie aus (10,7) zu sehen ist, resultiert von den Valenzelektronen auf der rechten Seite in (10,8) der Anteil $\frac{1}{2}h$, während von den Rumpfelektronen der Anteil $n_{r\mu}h$ entsteht. Die Quantenzahl $n_{r\mu}+\frac{1}{2}$ des energetisch tiefsten

---

[1] D. R. HARTREE, Proc. Roy. Soc. London (A) **143**, 506, 1934.

Valenzelektronenzustandes mit der Nebenquantenzahl l und somit auch die Energie dieses Zustandes wird also — abgesehen vom Anteil $\frac{1}{2}$ — im Falle eines vollbesetzten Rumpfes durch die Rumpfelektronen mit derselben Nebenquantenzahl determiniert. Dies bedeutet mit anderen Worten, daß die Valenzelektronen im Falle eines vollbesetzten Rumpfes die vollbesetzten Rumpfelektronenzustände nicht besetzen können, sondern im Grundzustand den unmittelbar über diesen liegenden tiefsten Valenzelektronenzustand besetzen werden.

§ 11. Das Besetzungsverbotpotential G_l

Der am Ende des vorangehenden Paragraphen entwickelte Gedanke, daß nämlich im Falle eines vollbesetzten Rumpfes die Valenzelektronen von den Rumpfelektronen mit derselben Nebenquantenzahl abgedrängt werden, läßt sich weiter verfolgen und verfeinern, wodurch man zu den Besetzungsverbotpotentialen gelangt. Mit diesen läßt sich ein sehr einfaches und brauchbares Näherungsverfahren zur Bestimmung der Eigenfunktionen und Energieeigenwerte der Valenzelektronen entwickeln[1].

Wir ziehen wieder, geradeso wie im vorangehenden Paragraphen, ein schweres Atom in Betracht, dessen Rumpf abgeschlossene Elektronenschalen besitzt, setzen jedoch im Gegensatz zu den dort gemachten Annahmen voraus, daß sich im Valenzelektronenzustand mit der Nebenquantenzahl l nicht $2l+1$ Valenzelektronen befinden, sondern, daß sich in diesem zunächst nur ein Valenzelektron aufhält.

Wir zerlegen den radialen Impuls $p_{r\mu}$ des Valenzelektrons in zwei Teile: in den Anteil p_{r0}, der aus dem PAULIschen Besetzungsverbot der vollbesetzten Rumpfelektronenzustände resultiert, d. h. das Valenzelektron (genauer den Bildpunkt des Valenzelektrons) bis zum unteren (inneren) Rand der energetisch tiefsten freien Impulsraumzelle hebt, und in den Anteil p_{re}, der der endlichen Breite dieser freien Impulsraumzelle Rechnung trägt; es ist dann

$$p_{r\mu} = p_{r0} + p_{re}. \qquad (11,1)$$

Wenn man diesen Ausdruck in die Energiegleichung (10,2) einsetzt, dann gestaltet sich diese folgendermaßen

$$\frac{p_{re}^2}{2m} + \frac{p_{r0}^2}{2m} + \frac{2 p_{r0}(p_{r\mu} - p_{r0})}{2m} + \gamma^2 \frac{k^2}{r^2} - Ve = \varepsilon_\mu, \qquad (11,2)$$

wo wir im dritten Glied auf der linken Seite $p_{r\mu} - p_{r0}$ statt p_{re} setzten. Für $p_{r\mu}$ und p_{r0} gelten gemäß (10,5) und (10,10) die folgenden Ausdrücke

$$p_{r\mu} = \frac{h}{4(2l+1)} D_l = \frac{h}{4(2l+1)} (D_{l0} + P_l), \qquad (11,3)$$

---
[1] Wir folgen hier einer Arbeit von P. GOMBÁS, Zs. f. Phys. 172, 293, 1963.

§ 11. Das Besetzungsverbotpotential G_l

$$p_{r\,0} = \frac{h}{4(2l+1)} D_{l0}, \qquad (11,4)$$

wo jetzt P_l die im wellenmechanischen Sinne interpretierte radiale Verteilungsfunktion (Wahrscheinlichkeitsdichte) des Valenzelektrons bezeichnet. Nach Einsetzen dieser Ausdrücke in (11,2) folgt aus dieser die Gleichung

$$\frac{p^2_{r\varepsilon}}{2m} + \frac{\pi^2}{4(2l+1)^2}\gamma^2(D^2_{l0} + 2D_{l0}P_l) + \gamma^2\frac{k^2}{r^2} - Ve = \varepsilon_\mu. \qquad (11,5)$$

Diese Gleichung kann man auch folgendermaßen schreiben

$$\frac{p^2_{r\varepsilon}}{2m} + \gamma^2\frac{l(l+1)}{r^2} - (V+G_l)e = \varepsilon_\mu, \qquad (11,6)$$

wo auf der linken Seite das erste Glied die aus der endlichen Impulsbreite einer Impulsraumzelle resultierende radiale kinetische Energie (kurz radiale kinetische Selbstenergie) des Valenzelektrons, das zweite Glied die exakte wellenmechanische azimutale kinetische Energie des Valenzelektrons und das dritte die modifizierte potentielle Energie des Valenzelektrons im Potential

$$V_{\text{mod}} = V + G_l \qquad (11,7)$$

darstellt. Dieses modifizierte Potential setzt sich additiv aus dem elektrostatischen Potential V und aus dem Potential

$$G_l = -\frac{\pi^2}{8(2l+1)^2}ea_0(D^2_{l0} + 2D_{l0}P_l) - \frac{1}{8}ea_0\frac{1}{r^2} \qquad (11,8)$$

zusammen[1]. Für $D_{l0} \equiv 0$ hat man $G_l \equiv 0$ zu setzen. Das im Verhältnis zum ersten Glied auf der rechten Seite in (11,8) kleine Glied $-\frac{1}{8}ea_0\frac{1}{r^2}$ resultiert aus dem azimutalen Anteil der kinetischen Energie, und zwar aus der Differenz zwischen dem halbklassischen statistischen Ausdruck und dem exakten wellenmechanischen Ausdruck (man vgl. auch S. 16—18).

Dieses Zusatzpotential ist eine Folge des PAULIschen Besetzungsverbotes der von den Rumpfelektronen vollbesetzten energetisch tiefer liegenden Quantenzustände mit der Nebenquantenzahl l. Wie aus (11,6) hervorgeht, kann man dieses Besetzungsverbot näherungsweise durch das nicht-klassische Abstoßungspotential G_l ersetzen, das wir Besetzungsverbotpotential nennen wollen. Durch dieses Besetzungsverbotpotential wird das Valenzelektron von den Rumpfelektronen von den vollbesetzten Rumpfelektronenzuständen mit der Nebenquantenzahl l abgedrängt und in den energetisch tiefsten Valenzelektronenzustand mit der Nebenquantenzahl l gehoben. Wenn man also bei der Berechnung der Zustände des

---

[1] P. GOMBÁS, Physics Letters **4**, 160, 1963; Zs. f. Phys. **172**, 293, 1963.

Valenzelektrons das modifizierte Potential G_l zugrunde legt, so wird man vom Besetzungsverbot der Rumpfelektronenzustände mit der Nebenquantenzahl l, d. h. von der Orthogonalisierung der Eigenfunktion des Valenzelektrons auf die Eigenfunktionen dieser Rumpfelektronenzustände frei. Auf diesen Grundlagen läßt sich — wie im § 15 gezeigt werden soll — ein Näherungsverfahren entwickeln, mit dem man die Energie und die Eigenfunktion von Valenzelektronen näherungsweise sehr einfach bestimmen kann.

Das Glied $2 D_{l0} P_l$ in (11,8) ist im Inneren des Atoms im Verhältnis zu D_{l0}^2 klein, da erstens dort P_l im Verhältnis zu D_{l0} klein ist und da sich zweitens D_{l0} und P_l nicht stark überdecken; dieses Glied ist nur am Atomrand von Bedeutung. Wenn man dieses Korrektionsglied in (11,8) vernachlässigt, so erhält man für das Besetzungsverbotpotential den Ausdruck[1]

$$G_l = -\frac{\pi^2}{8(2l+1)^2} e a_0 D_{l0}^2 - \frac{1}{8} e a_0 \frac{1}{r^2}, \qquad (11,9)$$

der in den meisten Fällen eine gute Näherung von (11,8) darstellt und der oftmals mit gutem Erfolg angewendet wurde. Für $D_{l0} \equiv 0$ hat man natürlich auch hier $G_l \equiv 0$ zu setzen. $-e G_l$ als Funktion von r ist für einen s-Zustand des Valenzelektrons im K-Atom in den Abb. 9 und 10 dargestellt[2], wobei für D_{l0} die HARTREE-FOCKsche wellenmechanische Verteilung[3] gesetzt wurde. In Abb. 10 haben wir $-r^2 e G_0$ dargestellt, um $-e G_0$ auch in den inneren Gebieten des Atoms, wo $-e G_0$ sehr groß ist, mit weiteren Energien vergleichen zu können.

Es sei noch erwähnt, daß $-e G_l$ die Energie ist, die man dem Valenzelektron zuführen muß, um es außerhalb des von den Rumpfelektronen mit der Nebenquantenzahl l vollbesetzten Impulsraumes in der energetisch tiefsten freien Impulsraumzelle mit der Nebenquantenzahl l unterbringen zu können.

Der Ausdruck (11,8) für das Besetzungsverbotpotential läßt sich auch auf eine andere Weise herleiten. Hierzu gehen wir von einem freien Elektronengas aus und ziehen die Elektronen mit der Nebenquantenzahl l in Betracht. Im Grundzustand besetzen diese Elektronen alle Energiezustände vom tiefsten Zustand bis zur maximalen Grenzenergie. Die radiale kinetische Energie dieser Elektronen läßt sich pro Volumeneinheit nach (2,27) folgendermaßen darstellen

$$U_{D\,\mathrm{rad}}^l(\varrho_l) = \frac{4\pi^4 \gamma^2}{3(2l+1)^2} r^4 \varrho_l^3, \qquad (11,10)$$

---

[1] P. GOMBÁS, Acta Phys. Hung. **1**, 285, 1952, sowie P. GOMBÁS, II, S. 169 ff.
[2] Man vgl. S. 78—79.
[3] D. R. HARTREE und W. HARTREE, Proc. Roy. Soc. London (A) **166**, 450, 1938.

§ 11. Das Besetzungsverbotpotential G_l

wo ϱ_l die als groß vorausgesetzte Dichte der Elektronen mit der Nebenquantenzahl l bezeichnet. Wir ergänzen nun das ursprüngliche Elektronengas mit einer kleinen Anzahl n_l von Elektronen mit der Nebenquantenzahl l, deren Dichte wir mit ν_l bezeichnen. Da sich bei einem freien Elektronengas die Elektronendichten superponieren, ergibt sich für die radiale kinetische Energie des Gesamtsystems pro Volumeneinheit

$$U^l_{D\,\mathrm{rad}}(\varrho_l + \nu_l) = \varkappa_l r^4 (\varrho_l + \nu_l)^3 = \varkappa_l r^4 \varrho_l^3 + 3\varkappa_l r^4 \varrho_l^2 \nu_l + 3\varkappa_l r^4 \varrho_l \nu_l^2 + \varkappa_l r^4 \nu_l^3, \quad (11,11)$$

wo wir der Kürze halber die Bezeichnung

$$\varkappa_l = \frac{4\pi^4 \gamma^2}{3(2l+1)^2} \quad (11,12)$$

einführten. Das erste Glied auf der rechten Seite ist die kinetische Energie des ursprünglichen Elektronengases, das letzte Glied gibt die kinetische Energie der n_l Elektronen, die entstünde, wenn die Elektronen des ursprünglich vorhandenen Elektronengases nicht anwesend wären. Das zweite und dritte Glied auf der rechten Seite von (11,11) gibt den Zuwachs der kinetischen Energie der hinzugefügten n_l Elektronen, der aus der Anwesenheit der Elektronen des ursprünglichen Elektronengases resultiert und zufolge dessen die von diesen Elektronen vollbesetzten Energiezustände von den hinzugefügten n_l Elektronen nicht besetzt werden können, diese Elektronen also in die energetisch tiefsten freien Zustände gedrängt werden. Diesen Energiezuwachs kann man in folgender Form schreiben

$$3\varkappa_l r^4 \varrho_l^2 \nu_l + 3\varkappa_l r^4 \varrho_l \nu_l^2 = \left[\frac{2\pi^2 \gamma^2}{8(2l+1)^2} (D_{l0}^2 P_l + D_{l0} P_l^2) \right] \frac{1}{4\pi r^2}, \quad (11,13)$$

wo $D_{l0} = 4\pi r^2 \varrho_l$ und $P_l = 4\pi r^2 \nu_l$ gesetzt wurde. Aus der Form dieses Ausdruckes geht hervor, daß man das Besetzungsverbot der von den Elektronen des ursprünglich vorhandenen Elektronengases vollbesetzten Elektronenzustände durch das nicht-klassische Abstoßungspotential $-\frac{1}{e} \frac{2\pi^2 \gamma^2}{8(2l+1)^2} (D_{l0}^2 + 2D_{l0} P_l)$ darstellen kann, durch das die zum ursprünglichen Gas hinzugefügten Elektronen in die energetisch tiefsten freien Zustände gedrängt werden. Wenn man den so erhaltenen Ausdruck für das Besetzungsverbotpotential durch das kleine, aus dem azimutalen Anteil der kinetischen Energie resultierenden Restglied $\gamma^2 l(l+1)/(er^2) - \gamma^2 k^2/(er^2) = -ea_0/(8r^2)$ ergänzt, so folgt[1] für das Besetzungsverbotpotential der Ausdruck (11,8).

---

[1] Auf ähnlichem Wege wurde das Zusatzpotential von H. HELLMANN (Acta Physicochimica **4**, 225, 1936) ebenfalls hergeleitet, wobei jedoch weder das azimutale Restglied noch das zu $D_{l0} P_l$ proportionale Korrektionsglied berücksichtigt wurden. — Auf ähnliche Weise hat G_l auch T. SZONDY hergeleitet (unveröffentlichte Arbeit, mündliche Mitteilung).

§ 12. Das Besetzungsverbotpotential F_l

Für das Besetzungsverbotpotential läßt sich auch ein anderer Ausdruck (F_l) gewinnen, den wir im folgenden herleiten wollen[1]. Wir gehen von denselben Voraussetzungen aus wie im § 11, d. h. wir ziehen wieder ein schweres Atom mit einem Valenzelektron in Betracht, setzen jedoch zunächst voraus, daß sich dieses Elektron im energetisch tiefsten s-Zustand ($l=0$) befindet. Der Atomrumpf soll wieder abgeschlossene Schalen besitzen. Im weiteren kann man nun ganz ähnlich wie im vorangehenden Paragraphen vorgehen, mit dem Unterschied, daß man in der Energiegleichung des Valenzelektrons

$$\frac{p_\mu^2}{2m} - Ve = \varepsilon_\mu \qquad (12,1)$$

von der kinetischen Energie den azimutalen Anteil nicht abspaltet. Ganz ähnlich wie im vorangehenden Paragraphen zerlegen wir nun den Betrag p_μ des maximalen Impulses in zwei Anteile: in $p_{\mu 0}$ und p_ε, wo $p_{\mu 0}$ denjenigen Teil des Impulsbetrages p_μ darstellt, durch den das Elektron bis an den inneren Rand der energetisch tiefsten freien Impulsraumzelle gehoben wird und p_ε den restlichen Impulsbetrag bezeichnet, der der endlichen Breite der freien Impulsraumzelle entspricht. Man hat also

$$p_\mu = p_{\mu 0} + p_\varepsilon. \qquad (12,2)$$

Nun kann man genauso wie im vorangehenden Paragraphen vorgehen, indem man diesen Ausdruck für p_μ in die Energiegleichung (12,1) einsetzt; es folgt dann aus (12,1) die Gleichung

$$\frac{p_\varepsilon^2}{2m} + \frac{p^2_{\mu 0}}{2m} + \frac{2 p_{\mu 0}(p_\mu - p_{\mu 0})}{2m} - Ve = \varepsilon_\mu, \qquad (12,3)$$

wo wir im dritten Glied auf der linken Seite $p_\mu - p_{\mu 0}$ statt p_ε setzten.

Für p_μ und $p_{\mu 0}$ bestehen nach (2,2) die Ausdrücke

$$p_\mu = \frac{1}{2}\left(\frac{3}{\pi}\right)^{1/3} h \varrho^{1/3} \quad \text{und} \quad p_{\mu 0} = \frac{1}{2}\left(\frac{3}{\pi}\right)^{1/3} h \varrho_0^{1/3}, \qquad (12,4)$$

wo ϱ die Elektronendichte des ganzen Atoms und ϱ_0 die des Atomrumpfes bedeutet. Wenn man diese Ausdrücke in die Gleichung (12,3) einsetzt, dann gelangt man zu folgender Gleichung

$$\frac{p_\varepsilon^2}{2m} - (V + F_0)e = \varepsilon_\mu, \qquad (12,5)$$

wo sich das nur für s-Zustände des Valenzelektrons gültige Zusatzpotential F_0 jetzt folgendermaßen gestaltet[2]

---

[1] Diese Herleitung schließt sich eng an die Arbeit von P. GOMBÁS, Fortschritte der Physik **13**, 137, 1965, an.
[2] P. GOMBÁS, Fortschritte der Physik **13**, 137, 1965.

§ 12. Das Besetzungsverbotpotential F_l

$$F_0 = -\frac{1}{2}(3\pi^2)^{2/3} e a_0 \left[\varrho_0^{2/3} + 2\varrho_0^{1/3}(\varrho^{1/3} - \varrho_0^{1/3})\right]. \tag{12,6}$$

Man gelangt so zu einer von G_0 verschiedenen Form des für s-Zustände des Valenzelektrons gültigen Besetzungsverbotpotentials. Die Elektronendichte ϱ des Atoms kann man in erster Näherung wieder aus der Dichte ϱ_0 der Rumpfelektronen und der im wellenmechanischen Sinne gedeuteten Dichte ν des Valenzelektrons additiv zusammensetzen, d. h. man kann in (12,6) $\varrho = \varrho_0 + \nu$ setzen, was sich bei Anwendungen als wichtig erweist.

Da ν im Inneren des Atoms im Verhältnis zu ϱ_0 klein ist und da sich ϱ_0 und ν im allgemeinen nur wenig überdecken, ist in (12,6) auf der rechten Seite das zweite Glied in der eckigen Klammer im Verhältnis zum ersten klein und kann in erster Näherung vernachlässigt werden. Man gelangt dann zu dem Ausdruck

$$F_0 = -\frac{1}{2}(3\pi^2)^{2/3} e a_0 \varrho_0^{2/3}, \tag{12,7}$$

der häufig Verwendung gefunden hat (man vgl. hierzu § 15).

Ganz ähnlich wie das Zusatzpotential (11,9) läßt sich auch das Zusatzpotential F_0 direkt aus dem Ausdruck für die kinetische Energie eines freien Elektronengases herleiten. Hierzu setzen wir voraus, daß sich das in Betracht gezogene freie Elektronengas mit der als groß vorausgesetzten Anzahl N von Elektronen und der ebenfalls als groß vorausgesetzten Dichte ϱ_0 im Grundzustand befindet, d. h. daß alle Elektronenzustände bis zu einem Grenzniveau voll besetzt und die darüber liegenden Zustände frei sind. Für die kinetische Energiedichte erhält man nach (2,7) folgenden Ausdruck

$$U_D = \varkappa_k \varrho_0^{5/3}. \tag{12,8}$$

Wir ergänzen nun dieses Elektronengas mit einer kleinen Anzahl n von Elektronen, deren Dichte ν im Verhältnis zu ϱ_0 klein sei, und berechnen die kinetische Energie pro Volumeneinheit des so entstandenen Gases. Mit Rücksicht darauf, daß die Elektronendichte des Gesamtsystems als einfache Superposition von ϱ_0 und ν betrachtet werden kann, erhält man für die kinetische Energiedichte des Gesamtsystems

$$U_D(\varrho_0 + \nu) = \varkappa_k (\varrho_0 + \nu)^{5/3} = \varkappa_k \varrho_0^{5/3} + \frac{5}{3} \varkappa_k \varrho_0^{2/3} \nu + \ldots, \tag{12,9}$$

wo wir auf der rechten Seite eine Reihenentwicklung nach der im Verhältnis zu ϱ_0 kleinen Größe ν vorgenommen und diese nach dem zweiten Glied abgebrochen haben. Das erste Glied auf der rechten Seite ist die kinetische Energie des ursprünglichen Elektronengases, das zweite Glied gibt (abgesehen von Gliedern, die von höherer Ordnung klein sind) den Energiezuwachs, der aus der Anwesenheit der Elektronen des ursprünglichen Elektronengases resultiert, zufolge dessen die von diesen vollbesetzten tiefsten Energiezustände von den hinzugekommenen n Elektronen nicht besetzt werden können, diese Elektronen also in die energetisch tiefsten freien Energiezustände gedrängt werden. Man kann also das Besetzungsverbot der vollbesetzten Elektronenzustände näherungsweise durch das zweite Glied auf der rechten Seite in (12,9) darstellen, woraus mit Rücksicht auf (2,6) das Besetzungsverbotpotential (12,7) folgt[1].

Das Besetzungsverbotpotential F_0 gilt, wie gesagt, nur für s-Zustände des Valenzelektrons; man kann es aber auch auf p-, d-, f-,...Zustände des Valenzelektrons erweitern, und zwar folgendermaßen.

Wenn sich das Valenzelektron in einem Zustand mit der Nebenquantenzahl l befindet, so besitzt es eine kinetische Mindestenergie, und zwar die azimutale kinetische Energie u_a^l, für die nach der Wellenmechanik in der Entfernung r vom Kern der Ausdruck $\gamma^2 l\,(l+1)/r^2$ gilt. In der statistischen Betrachtungsweise ändert sich der Elektronenzustand kontinuierlich, und man hat den Elektronen mit der Nebenquantenzahl l in der Entfernung r vom Kern eine azimutale Impulskomponente zuzuordnen, die sich zwischen den Werten $p_l = l\,h/(2\,\pi\,r)$ und $p_{l+1} = (l+1)\,h/(2\,\pi\,r)$ kontinuierlich ändert. Dementsprechend kann man in der statistischen Betrachtungsweise für die kinetische Mindestenergie des Elektrons im Zustand mit der Nebenquantenzahl l etwa $u_a^l = p_l^2/(2\,m) = \gamma^2 l^2/r^2$ setzen. Die Erweiterung des Besetzungsverbotpotentials F_0 auf p-, d-, f-,...Zustände des Valenzelektrons könnte nun so geschehen, daß man von $-eF_0$ diese Mindestenergie abzieht und den so gewonnenen Energiebetrag durch $-e$ dividiert, also für das für einen beliebigen Wert von l erweiterte Besetzungsverbotpotential $F_0 + u_a^l/e$ setzt. Der so gewonnene Ausdruck führt jedoch bei Termberechnungen des Valenzelektrons zu wenig befriedigenden Resultaten[2] und fand deshalb auch keine weiteren Anwendungen. Wir haben diesen Ausdruck nur der Vollständigkeit halber erwähnt.

Wie die Resultate vielseitiger Anwendungen[3] zeigen, erhält man einen bedeutend besseren Anschluß an die Erfahrung und zugleich einen allgemeineren Ausdruck für F_l, wenn man für die kinetische Mindestenergie u_a^l den zu (12,7) analog konstruierten Ausdruck[4]

$$\frac{1}{2}\,(3\,\pi^2)^{2/3}\,e^2\,a_0\,\varrho_{00}^{2/3} \tag{12,10}$$

setzt, wo ϱ_{00} die Dichte derjenigen Rumpfelektronen bezeichnet, deren

---
[1] Auf diese Weise wurde F_0 erstmalig von HELLMANN und von GOMBÁS voneinander unabhängig hergeleitet, man vgl.: H. HELLMANN, J. Chem. Phys. **3**, 61, 1935, und Acta Physicochimica URSS **1**, 913, 1935, sowie P. GOMBÁS, Zs. f. Phys. **94**, 473, 1935, insbesondere S. 479—481.
[2] Man vgl. hierzu P. GOMBÁS und A. KÓNYA, Math. u. Naturwiss. Anz. d. Ung. Akad. d. Wiss. **61**, 677, 1942. In dieser Arbeit fehlt das in (12,6) enthaltene Korrekturglied. Mehrere diesbezügliche Berechnungen blieben unveröffentlicht.
[3] Man vgl. § 15, 1.
[4] P. GOMBÁS, Zs. f. Phys. **118**, 164, 1941, sowie Math. u. Naturwiss. Anz. d. Ung. Akad. d. Wiss. **60**, 373, 1941.

Energie für die s-, p-, d-,...Elektronen kleiner ist als bzw. die Energie des $1s$-, $2p$-, $3d$-,...Zustandes. Man erhält dann für das Besetzungsverbotpotential für beliebige Werte von l den Ausdruck

$$F_l = -\frac{1}{2}(3\pi^2)^{2/3} e\, a_0\, (\varrho_0^{2/3} - \varrho_{00}^{2/3}), \qquad (12{,}11)$$

wobei das in (12,6) enthaltene zu $2\varrho_0^{1/3}(\varrho^{1/3} - \varrho_0^{1/3})$ proportionale Korrektionsglied und eine analoge Korrektion von (12,10) vernachlässigt wurden. Da sich diese Korrektionsglieder zufolge ihres verschiedenen Vorzeichens zum großen Teil kompensieren, ist die Vernachlässigung gerechtfertigt.

Der gute Anschluß an den empirischen Befund dieser Form des Besetzungsverbotpotentials dürfte darauf zurückzuführen sein, daß sich in (12,11) die durch die Näherung bedingten Fehler infolge der Differenzbildung ähnlich gebauter Ausdrücke weitgehend kompensieren.

Der Ausdruck (12,11) hat den Vorteil, daß man diesen im Gegensatz zum Zusatzpotential G_l auch auf Systeme mit nicht zentralsymmetrischer Potential- und Elektronenverteilung anwenden kann, sofern man die Definition von ϱ_{00} den gegebenen Verhältnissen entsprechend verallgemeinert[1].

Wir wollen das Besetzungsverbotpotential (12,11) am Beispiel des Valenzelektrons im K-Atom erläutern. Der K^+-Rumpf besitzt folgende Elektronenkonfiguration: $(1s)^2 (2s)^2 (2p)^6 (3s)^2 (3p)^6$ und aus den in den HARTREEschen Tabellen[2] für K^+ angegebenen Energieeigenwerten der Rumpfelektronen folgt, daß die angeführte Reihenfolge der Elektronenzustände auch die Größenfolge der Energien der Rumpfelektronen in den angegebenen Quantenzuständen von den tieferen zu höheren Energien richtig wiedergibt. Für einen s-Zustand des Valenzelektrons hat man $\varrho_{00} \equiv 0$, im Falle eines p-Zustandes ist ϱ_{00} mit der wellenmechanischen Dichte der beiden $1s$- und der beiden $2s$-Rumpfelektronen gleichzusetzen, und schließlich ist für einen d-, f-, g-,...Zustand des Valenzelektrons ϱ_{00} die Dichte aller 18 Elektronen des K^+-Rumpfes. In diesem letzteren Fall ist also $\varrho_{00} = \varrho_0$ und $F_l \equiv 0$, was anschaulich bedeutet, daß das von den Rumpfelektronen auf das Valenzelektron als Folge des PAULIschen Besetzungsverbotes ausgeübte nichtklassische Abstoßungspotential verschwindet, wenn das Valenzelektron einen d-, f-, g-,...Zustand besetzt, in Übereinstimmung damit, daß im K^+-Rumpf die d-, f-, g-,...Zustände von Rumpfelektronen nicht besetzt sind, diese also vom Valenzelektron frei besetzt werden können. Für einen s-Zustand des Valenzelektrons im K-Atom ist $-eF_0$ als Funktion von r in den Abb. 11 bzw. 12 dargestellt[3];

---

[1] P. GOMBÁS, Zs. f. Phys. **118**, 164, 1941, sowie Math. u. Naturwiss. Anz. d. Ung. Akad. d. Wiss. **60**, 373, 1941.
[2] D. R. HARTREE, Proc. Roy. Soc. London (A) **143**, 506, 1934, und D. R. HARTREE und W. HARTREE, Proc. Roy. Soc. London (A) **166**, 450, 1938.
[3] Man vgl. S. 80—81.

für ϱ_0 wurde die wellenmechanische Verteilung von HARTREE und FOCK[1] zugrunde gelegt. In Abb. 12 haben wir $-r^2 e F_0$ dargestellt, um für $-e F_0$ auch in den inneren Gebieten des Atoms, wo $-e F_0$ groß ist, mit weiteren Energien einen Vergleich vornehmen zu können.

§ 13. Das Besetzungsverbotpotential S_λ

Bei Elektronensystemen mit Axialsymmetrie, z. B. bei zweiatomigen Molekülen, spielt die Projektion des Drehimpulses auf die Symmetrieachse eine wichtige Rolle. Wenn wir die Symmetrieachse als z-Achse des Koordinatensystems wählen, so hat man für die z-Komponente des Drehimpulses

$$M_z = \lambda \frac{h}{2\pi} \qquad (13,1)$$

mit

$$\lambda = 0, \pm 1, \pm 2, \ldots \qquad (13,2)$$

Für Atome ist λ die magnetische Quantenzahl m.

Wir legen nun ein elektronenreiches System zugrunde, in welchem wieder alle Zustände bis zu einer Grenzenergie voll besetzt sind. Es läßt sich dann sehr einfach ein Besetzungsverbotpotential herleiten, das die Besetzung vollbesetzter Elektronenzustände mit der Quantenzahl λ verhindert und das in Frage stehende Elektron in den energetisch tiefsten freien Zustand mit der Quantenzahl λ drängt[2].

Wir wählen hierzu ein in Abb. 8 dargestelltes Zylinderkoordinatensystem mit den Koordinaten z, R (Entfernung von der Symmetrieachse z) und φ (Drehwinkel um die z-Achse) und zerlegen den Elektronenimpuls in die Komponenten p_z, p_R und p_φ. Für M_z ergibt sich dann der Ausdruck

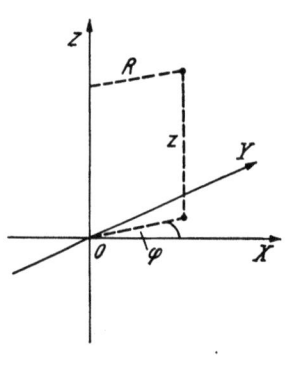

Abb. 8. Die Koordinaten z, R und φ.

$$M_z = R p_\varphi = \lambda \frac{h}{2\pi}, \qquad (13,3)$$

woraus, wenn wir die zu λ gehörenden p_φ-Werte mit p_λ bezeichnen,

$$p_\lambda = \lambda \frac{h}{2\pi R}$$
$$(\lambda = 0, \pm 1, \pm 2, \ldots) \qquad (13,4)$$

folgt.

Auf Grund dieses Zusammenhanges kann man in der von den Elektronen vollbesetzten Impulskugel vom Radius p_μ mit den Ebenen

---

[1] D. R. HARTREE und W. HARTREE, Proc. Roy. Soc. London (A) **166**, 450, 1938.
[2] T. SZONDY, Acta Phys. Hung. **15**, 193, 1962.

$$p_{\lambda-\frac{1}{2}} = \left(\lambda - \frac{1}{2}\right)\frac{h}{2\pi R} \quad \text{und} \quad p_{\lambda+\frac{1}{2}} = \left(\lambda + \frac{1}{2}\right)\frac{h}{2\pi R} \qquad (13,5)$$

ein Kugelsegment definieren, das die Bildpunkte der Elektronen mit der Quantenzahl λ enthält.

Die Anzahl ϱ_λ der Elektronen mit der Quantenzahl λ in der Entfernung R von der Symmetrieachse pro Volumeneinheit ist im Falle vollbesetzter Quantenzustände mit der Anzahl der betreffenden Quantenzustände pro Volumeneinheit identisch. Letztere erhält man, wenn man das Volumen ω_λ des Kugelsegmentes mit $h^3/2$ dividiert. Wenn man den maximalen Wert der z-Komponente des Impulses der Elektronen mit der magnetischen Quantenzahl λ mit $p_{z\mu}$ bezeichnet, so hat man also

$$\omega_\lambda \frac{2}{h^3} = p_{z\mu}^2 \,\pi\, \frac{h}{2\pi R}\,\frac{2}{h^3} = \varrho_\lambda, \qquad (13,6)$$

woraus

$$p_{z\mu}^2 = h^2 R \varrho_\lambda \qquad (13,7)$$

folgt.

Die maximale kinetische Energie, die man einem Elektron erteilen muß, um es in der Entfernung R von der Symmetrieachse in einem Quantenzustand mit der magnetischen Quantenzahl λ unterzubringen, wird also

$$u_{\mu\lambda} = \frac{1}{2m}(p_{z\mu}^2 + p_\lambda^2) = e^2 a_0 \left(2\pi^2 R \varrho_\lambda + \frac{1}{2}\frac{\lambda^2}{R^2}\right). \qquad (13,8)$$

Hieraus ergibt sich[1] für das Besetzungsverbotpotential der Elektronen mit der magnetischen Quantenzahl λ

$$S_\lambda = -e a_0 \left(2\pi^2 R \varrho_\lambda + \frac{1}{2}\frac{\lambda^2}{R^2}\right). \qquad (13,9)$$

Für Atome führt dieser Ausdruck zu sehr befriedigenden Resultaten[2], weitere Anwendungen liegen jedoch nicht vor.

§ 14. Halbempirische Besetzungsverbotpotentiale

Die Besetzungsverbotpotentiale können durch halbempirische Ausdrücke dargestellt werden. Für die Potentiale G_l und F_l eignet sich folgender Ausdruck

$$G_l \text{ oder } F_l = -A_0 \frac{e^{-\alpha_0 r}}{r}, \qquad (14,1)$$

wo die Konstanten A_0 und α_0 mit Hilfe empirischer Daten bestimmt

---

[1] Dieser Ausdruck unterscheidet sich von dem in der Originalarbeit durch ein von höherer Ordnung kleines Glied, das vernachlässigt werden kann.
[2] Unveröffentlichte Berechnungen von T. Szondy.

werden[1]. Wenn man aber einmal eine halbempirische Näherung wählt, so ist es zweckmäßiger, den gesamten nicht-COULOMBschen Anteil des Potentials (d. h. die Summe des nicht-COULOMBschen elektrostatischen Anteils und des Besetzungsverbotpotentials) halbempirisch durch ein Glied von der eben genannten Form darzustellen und $V_{\text{mod}} = V + G_l$ oder $= V + F_l$ in der Form

$$V_{\text{mod}} = \frac{ze}{r} - A \frac{e^{-\alpha r}}{r} \tag{14,2}$$

mit $z = Z - N$ anzusetzen, wo Z die Ordnungszahl und N die Anzahl der Elektronen des Atoms bezeichnen. Bei der Bestimmung von A und α aus empirischen Daten ist darauf zu achten, daß diese Parameter von der Nebenquantenzahl des Zustandes des Valenzelektrons abhängen, d. h. daß diese für s-, p-, d-, ... Zustände des Valenzelektrons verschiedene Werte haben.

Bei der Anwendung des modifizierten Potentials auf die Berechnung der Energiezustände und Verteilung der Metallelektronen in Metallen kann man so vorgehen, daß man in (14,2) A und α aus den tiefsten Termen der freien Atome bestimmt[2].

Durch die einfache Form (14,2) des modifizierten Potentials gestalten sich die Anwendungen sehr einfach, außerdem ergibt sich durch die empirische Bestimmung von A und α auch der Vorteil, daß das halbempirische modifizierte Potential auch der Austausch- und Korrelationswechselwirkung des Valenzelektrons mit den Rumpfelektronen Rechnung trägt. Andererseits entsteht aber durch das halbempirische Verfahren auch der Nachteil, daß die rein theoretische Grundlage verlorengeht.

§ 15. Anwendungen der Besetzungsverbotpotentiale

Auf Grund der in den Paragraphen 11 bis 14 gegebenen Überlegungen gelangt man zu dem Resultat, daß man das PAULIsche Besetzungsverbot der vollbesetzten Elektronenzustände näherungsweise durch Besetzungsverbotpotentiale ersetzen kann. Wir wollen nun die Anwendungen der Besetzungsverbotpotentiale überblicken.

1. *Anwendung auf freie Atome.* Eine der wichtigsten Anwendungsgebiete der Besetzungsverbotpotentiale ist die Berechnung der Energie

---

[1] Für das Zusatzpotential F_0 wurde dies von HELLMANN und KASSATOTSCHKIN durchgeführt; man vgl.: H. HELLMANN und W. KASSATOTSCHKIN, J. Chem. Phys. **4**, 324, 1936; Acta Physicochimica URSS **5**, 23, 1936, sowie H. HELLMANN, Einführung in die Quantenchemie, S. 40, Verlag F. Deuticke, Leipzig und Wien, 1937.

[2] Man vgl. hierzu H. HELLMANN und W. KASSATOTSCHKIN, J. Chem. Phys. **4**, 324, 1936 und Acta Physicochimica URSS **5**, 23, 1936. In dieser Arbeit blieb jedoch unberücksichtigt, daß die Parameter A und α in (14,2) für s- und p-Zustände des Valenzelektrons verschieden sind.

und der Eigenfunktion eines Valenzelektrons in einem schweren Atom, dessen Rumpf abgeschlossene Elektronenschalen besitzt. Man kann dann so verfahren, daß man das elektrostatische Potential V, in dem sich das Valenzelektron befindet, mit dem entsprechenden Besetzungsverbotpotential ergänzt, also annimmt, daß sich das Valenzelektron im modifizierten Potentialfeld V_{mod} des Atomrumpfes bewegt. Dies bedeutet mit anderen Worten, daß man bei der Bestimmung der Eigenfunktionen und Energieniveaus des Valenzelektrons die SCHRÖDINGER-Gleichung für dieses modifizierte Potential zugrunde legt. Rein formal könnte man auch so vorgehen, daß man z. B. in der Energiegleichung (11,6) des Valenzelektrons $p_{r_\varepsilon}^2$ durch den entsprechenden Differentialoperator ersetzt, wodurch man ebenfalls zur SCHRÖDINGER-Gleichung des Valenzelektrons im modifizierten Potential gelangt, die folgende Gestalt hat

$$\gamma^2 \frac{d^2 f}{dr^2} + \left[\varepsilon_\mu + e V_{\text{mod}} - \gamma^2 \frac{l(l+1)}{r^2}\right] f = 0, \tag{15,1}$$

wo f die radiale Wellenfunktion, d. h. das r-fache des radialen Anteils R der Wellenfunktion, bezeichnet.

Legt man das modifizierte Potential zugrunde, so wird man, wie gesagt, vom Besetzungsverbot der vollbesetzten Elektronenzustände des Atoms frei. Dies bedeutet — wenn wir statt des bisher in Betracht gezogenen einen gleich mehrere Valenzelektronen zulassen —, daß die Eigenfunktionen der Valenzelektronen auf die der Rumpfelektronen keinerlei Orthogonalitätsrelationen zu genügen haben, was zu großen Vereinfachungen führt. Wenn man das modifizierte Potential zugrunde legt, so kann man so vorgehen, als ob die Rumpfelektronen gar nicht existierten, und man hat z. B. zur Berechnung des Grundzustandes der Valenzelektronen den Zustand mit der absolut tiefsten Energie der Valenzelektronen im modifizierten Potentialfeld zu ermitteln. Es sei noch betont, daß das Besetzungsverbotpotential nur dem Teil der Besetzungsvorschrift Rechnung trägt, nach welchem die Valenzelektronen die von den Rumpfelektronen vollbesetzten Quantenzustände nicht besetzen können; den anderen Teil der Besetzungsvorschrift, nach welchem ein leerer Quantenzustand höchstens durch ein Valenzelektron besetzt werden kann, hat man in üblicher Weise durch die Antisymmetrisierung der Eigenfunktionen der Valenzelektronen eigenst zu berücksichtigen.

Als Folge des Ausfallens der Orthogonalitätsrelationen der Eigenfunktion der Valenzelektronen in bezug auf die der Rumpfelektronen, ist die Knotenzahl von f reduziert, es kann daher im Inneren des Rumpfes f^2 nur einen Mittelwert der exakten radialen Aufenthaltswahrscheinlichkeit des Valenzelektrons geben. In den für quantenchemische Probleme wichtigen äußeren Gebieten des Atoms ist jedoch unsere Approximation gut; wie die Resultate vielseitiger Berechnungen zeigen, wird durch unser f^2 das äußerste, sogenannte Hauptmaximum des Eigenfunktionsquadrates sehr gut angenähert (man vgl. hierzu insbesondere die Abb. 13 und 14 sowie § 16).

Die Pseudopotentiale G_l und F_l sind ihrer Struktur nach voneinander sehr verschieden. Während sich nämlich G_l im wesentlichen zum Quadrat der radialen Dichte D_{l0} der Rumpfelektronen mit der Nebenquantenzahl l als proportional erweist, ist F_l eine Funktion der Gesamtdichte ϱ_0 der Rumpfelektronen sowie eine Funktion von ϱ_{00}. Daß man trotz dieser Verschiedenheit mit beiden Besetzungsverbotpotentialen bei den von uns

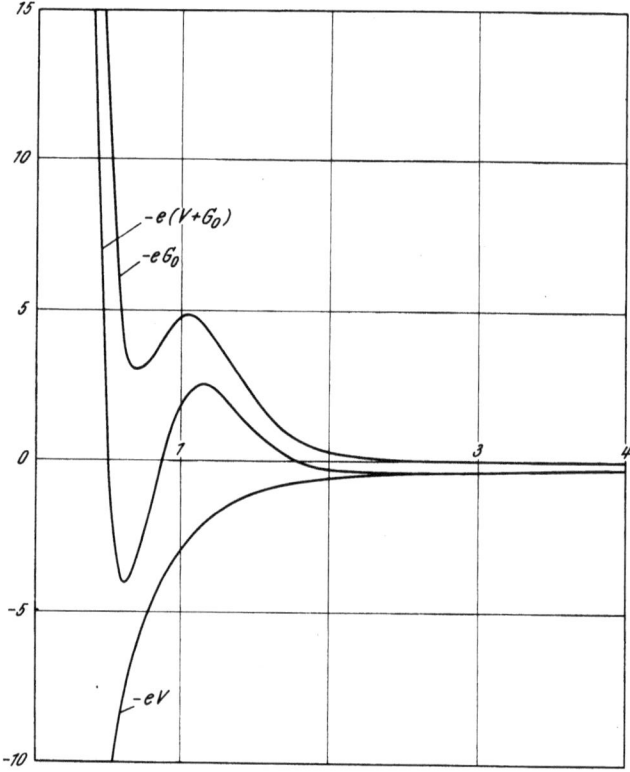

Abb. 9. $-eG_0$, $-e(V+G_0)$ und $-eV$ als Funktionen von r für den $4s$-Zustand des Valenzelektrons im K-Atom. Abszisse in a_0-, Ordinate in e^2/a_0-Einheiten.

durchgeführten Anwendungen annähernd dieselben Eigenwerte und Eigenfunktionen erhält, besagt natürlich nur, daß verschiedene Potentiale natürlicherweise annähernd zum selben Eigenwert und annähernd zur selben Eigenfunktion führen können. Das Wesentliche an der Sache ist, daß sich für G_l und F_l gerade solche Funktionen ergeben, für die dies zutrifft.

Für einen s-Zustand des Valenzelektrons im K-Atom ist der Unterschied zwischen G_0 [Ausdruck (11,9)] und F_0 [Ausdruck (12, 11)] bzw. zwischen den betreffenden modifizierten Potentialen aus den Abb. 9, 10, 11 und 12 ersichtlich, wobei zu bemerken ist, daß in diesen Potentialen für die

§ 15. Anwendungen der Besetzungsverbotpotentiale

Dichteverteilungen D_{00} und ϱ_0 die wellenmechanischen Verteilungen aus den HARTREE-FOCKschen Tabellen des K$^+$-Atoms[1] eingesetzt wurden. Im Inneren des Atoms ist $-eG_0$ merklich größer als $-eF_0$. Um den Unterschied auch dort zu veranschaulichen, haben wir in den Abb. 10 und 12 $-r^2eG_0$ bzw. $-r^2eF_0$ dargestellt[2].

In den Abb. 9 und 11 ist für einen s-Zustand des Valenzelektrons im K-Atom die mit den oben genannten HARTREE-FOCKschen Elektronen- und Potentialverteilungen berechnete modifizierte potentielle Energie des Valenzelektrons $-eV_{\mathrm{mod}} = -e(V+G_0)$ sowie $-eV_{\mathrm{mod}} = -e(V+F_0)$ zusammen mit der gewöhnlichen elektrostatischen potentiellen Energie des Valenzelektrons $-eV$ als Funktion von r eingezeichnet. Um auch für kleine r den Unterschied zwischen $-eV_{\mathrm{mod}}$ und $-eV$ zu veranschaulichen, haben wir in den Abb. 10 und 12 $-r^2eV_{\mathrm{mod}}$ und $-r^2eV$ dargestellt. Wie aus den Abbildungen zu sehen ist, zeigt $-eV_{\mathrm{mod}}$ im Inneren des Atoms einen von $-eV$ wesentlich verschiedenen Verlauf; in großer Entfernung vom Kern gehen beide Funktionen in $-e^2/r$ über. Die modifizierte potentielle Energie des Valenzelektrons $-eV_{\mathrm{mod}}$ verläuft im Inneren des Atoms durchweg höher als $-eV$, da V_{mod} das Besetzungsverbotpotential (das ein Abstoßungspotential ist) enthält. Im Inneren des Atoms ($r \lesssim 2a_0$) zeigt $-eV_{\mathrm{mod}}$ starke Schwankungen, bleibt aber im Mittel positiv. Im Gegensatz hierzu strebt $-eV$ bei Annäherung an den Kern sehr steil $-\infty$ zu. Durch das Besetzungsverbotpotential wird das Valenzelektron im modifizierten Potentialfeld V_{mod} aus dem Inneren des Atoms in die äußeren Gebiete ($r > 2a_0$) gedrängt, in denen $-eV_{\mathrm{mod}}$ durchweg negativ ist; hierbei erweist sich beim K-Atom für einen s-Zustand des Valenzelektrons — wie die Rechnungen zeigen — besonders der Potentialwall zwischen $r \simeq 1a_0$ und $r \simeq 2a_0$ als wesentlich.

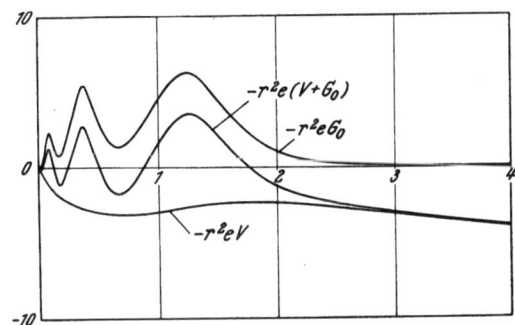

Abb. 10. $-r^2eG_0$, $-r^2e(V+G_0)$ und $-r^2eV$ als Funktionen von r für den $4s$-Zustand des Valenzelektrons im K-Atom. Abszisse in a_0-, Ordinate in e^2a_0-Einheiten.

---

[1] D. R. HARTREE und W. HARTREE, Proc. Roy. Soc. London (A) **166**, 450, 1938.
[2] Der in den Abbildungen 9—12 dargestellte Verlauf der Funktionen $-eV$, $-e(V+F_0)$ und des r^2-fachen dieser Funktionen ist mit dem bei GOMBÁS, I, S. 208 u. 209 dargestellten Verlauf dieser Funktionen nicht vollkommen gleich, da der erstere auf Grund einer Verteilung mit, der letztere aber auf Grund einer Verteilung ohne Elektronenaustausch berechnet wurde.

Daß für die s-Zustände des Valenzelektrons im K-Atom V_{mod} für G_0 und F_0 im Inneren des Atoms einen verschiedenen Verlauf zeigt, ist für die Eigenwerte und Eigenfunktionen des Valenzelektrons nur von geringer Bedeutung, da diese bei diesem Näherungsverfahren nicht so sehr durch den Verlauf von V_{mod} im Inneren des Atoms, sondern hauptsächlich durch die Potentialmulde bei $r > 2 a_0$ determiniert werden, die in beiden Fällen sehr ähnlich verläuft; man erhält daher in beiden Fällen annähernd dieselben Eigenwerte und Eigenfunktionen.

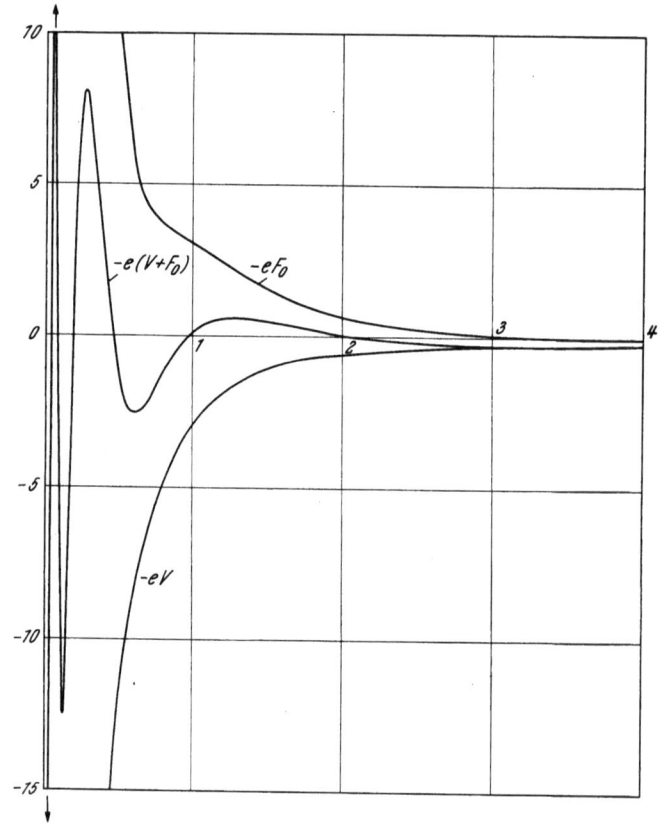

Abb. 11. $-eF_0$, $-e(V+F_0)$ und $-eV$ als Funktionen von r für den $4s$-Zustand des Valenzelektrons im K-Atom. Abszisse in a_0-, Ordinate in e^2/a_0-Einheiten.

Wie wir im weiteren sehen werden, führt die Berechnung der Energie der Valenzelektronen im modifizierten Potentialfeld zu recht guten Näherungswerten, und zwar nicht nur für den Grundzustand des Valenzelektrons, sondern auch für die angeregten Zustände. Dies ist um so mehr bemerkenswert, da ohne das Besetzungsverbotpotential, also im Potentialfeld V, das Valenzelektron sehr tief in den Rumpf stürzen würde, und man erhielte für die absolut tiefste Energie des Valenzelektrons im Falle des K-Atoms

§ 15. Anwendungen der Besetzungsverbotpotentiale

einen mehr als 100mal tieferen Wert als der empirische Energiewert des Valenzelektrons im Grundzustand.

Die Bestimmung der Energie und der Eigenfunktion der Valenzelektronen kann mit Hilfe eines Variationsverfahrens geschehen[1], das sich folgendermaßen gestaltet. Man macht für die Eigenfunktion eines Valenzelektrons im Quantenzustand n, l, m den üblichen Ansatz

$$\psi_{nlm} = \frac{1}{r} f_{nl}(r) Y_{lm}, \tag{15,2}$$

wo $\frac{1}{r} f_{nl}$ den von r abhängigen und Y_{lm} den von den Winkel abhängigen Teil der Eigenfunktion, also die Kugelflächenfunktion l-ter Ordnung, bezeichnet. Für die gesuchte Funktion f_{nl} kann man folgenden Ansatz machen

$$f_{nl} = A \, r^\varkappa e^{-\lambda r} \left(1 + \sum_{i=1}^{s} c_i r^i \right), \tag{15,3}$$

wo A eine Normierungskonstante ist und $\varkappa$, λ sowie c_1, $c_2, \ldots, c_s$ im folgenden zu bestimmende Parameter bezeichnen. Zwischen diesen Parametern bestehen zufolge der Orthogonalitätsrelationen, denen die Eigenfunktionen der höheren Valenzelektronenzustände genügen müssen, Beziehungen; diese Parameter sind also im allgemeinen voneinander nicht unabhängig. Die unabhängigen Parameter betrachtet man als Variationsparameter, die aus der Minimumsforderung der Energie zu bestimmen sind. Bezüglich $\varkappa$ sei darauf hingewiesen, daß man $\varkappa$ durch geeignete Annahmen auch im vorhinein festlegen, also als eine vorgegebene Konstante betrachten kann, wobei jedoch zu beachten ist, daß f_{nl} in der Nähe des Kerns im allgemeinen von den entsprechenden Wasserstoffeigenfunktionen einen wesentlich verschiedenen Verlauf zeigt. Es liegt also nahe, auch $\varkappa$ zu variieren, wodurch, wie die Durchrechnung konkreter Probleme zeigt, die Konvergenz des Verfahrens beschleunigt wird.

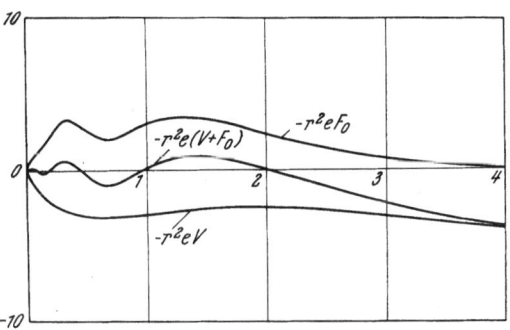

Abb. 12. $-r^2 e F_0$, $-r^2 e (V+F_0)$ und $-r^2 e V$ als Funktionen von r für den $4s$-Zustand des Valenzelektrons im K-Atom. Abszisse in a_0-, Ordinate in $e^2 a_0$-Einheiten.

Im Falle eines einzelnen Valenzelektrons ist der Ansatz für die Eigenfunktion durch (15,2) gegeben; im Falle von mehreren Valenzelektronen wird die Eigenfunktion der Valenzelektronen aus den mit den Spinfunk-

---
[1] Man vgl. hierzu P. GOMBÁS, I, S. 206 ff.

tionen ergänzten Einelektroneigenfunktionen (15,2) in der Determinantenform (1,14) aufgebaut. Dabei kann man die Rumpfelektronen ganz außer acht lassen, da man durch die Zugrundelegung des modifizierten Potentials so verfahren kann, als ob die Rumpfelektronen gar nicht existierten. Im Falle eines Valenzelektrons, also z. B. bei Alkaliatomen, kann man mit dem Ansatz (15,2) die Terme schon sehr gut annähern. Für zwei oder mehrere Valenzelektronen muß man zur Erfassung der Korrelation den aus den Einelektroneigenfunktionen aufgebauten Ansatz noch erweitern, wie dies z. B. erstmalig von HYLLERAAS bei den Ansätzen zur Berechnung der Terme des He-Atoms getan wurde. Man hat demnach in den Ansatz der Eigenfunktion der Valenzelektronen auch solche Glieder — z. B. den gegenseitigen Abstand der Elektronen — aufzunehmen, durch welche man der Korrelation Rechnung trägt. Allerdings ist das Verfahren für mehr als zwei Valenzelektronen mit bedeutenden rechnerischen Schwierigkeiten verbunden.

Bezüglich der Durchführung des hier besprochenen Näherungsverfahrens erwähnen wir noch folgendes. Für die Potential- und Elektronenverteilung des Rumpfes legt man im allgemeinen die mit der Methode des self-consistent field erhaltenen Verteilungen zugrunde. Diese sind jedoch nicht durch analytische Funktionen, sondern durch numerische Tabellen gegeben, wodurch die Durchführung des Variationsverfahrens auf Schwierigkeiten stößt. Man wird daher zweckmäßigerweise folgendermaßen verfahren. Man spaltet vom modifizierten Potential V_{mod} den COULOMB-Anteil ze/r ab[1] und approximiert den nur tabellarisch darstellbaren restlichen Teil des modifizierten Potentials, $V_{mod} - ze/r$, durch eine möglichst einfache analytische Funktion, für welche die entsprechenden Energieintegrale berechnet werden können. Den so festgelegten Näherungsausdruck für V_{mod} bezeichnen wir mit V'_{mod}, für diesen kann man das Variationsverfahren einfach durchführen. Das für dieses Näherungspotential erhaltene Energieminimum läßt sich nachträglich in der Weise korrigieren, daß man $V_{mod} - V'_{mod}$ als kleine Störung betrachtet und die entsprechende Störungsenergie erster Ordnung zum Energieminimum hinzuaddiert.

Mit dem hier besprochenen Variationsverfahren wurden Valenzelektronenzustände der Atome Na und K sowie der Ionen Ca^+ und Al^{++}, die alle außerhalb eines abgeschlossenen Rumpfes nur ein Valenzelektron besitzen, berechnet[2]. Im Grundzustand des Valenzelektrons wurden im

---

[1] Hier ist $z = Z - N$, wo Z die Ordnungszahl und N die Elektronenzahl des Rumpfes bezeichnen.
[2] P. GOMBÁS, Zs. f. Phys. **119**, 318, 1942; B. KOZMA und A. KÓNYA, Zs. f. Phys. **118**, 153, 1941; A. KÓNYA, Math. u. Naturwiss. Anz. d. Ung. Akad. d. Wiss. **LX**, 390, 1941. Man vgl. weiterhin die Arbeiten P. GOMBÁS, Ann. d. Phys. (5) **35**, 65, 1939; (5) **36**, 680, 1939 (Berichtigung); B. KOZMA, Mat. és Fiz. Lapok (Budapest) **48**, 351, 1941.

Ansatz (15,2) für die Eigenfunktion alle $c_i = 0$ gesetzt. Für die angeregten
$4s$- und $4p$-Zustände des Valenzelektrons im Na-Atom wurden außer
c_1 alle übrigen $c_i = 0$ gesetzt und c_1 aus der Orthogonalitätsforderung der
Eigenfunktionen dieser Zustände auf die des $3s$- bzw. $3p$-Zustandes festgelegt. Die Resultate dieser Berechnungen (bei denen durchweg das Besetzungs-

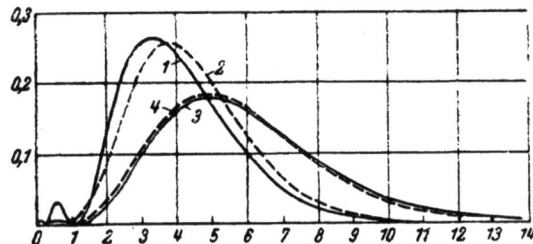

Abb. 13. f^2_{nl} für das Valenzelektron des Na-Atoms (aus P. GOMBÁS, I, S. 216). Abszisse: r in a_0-Einheiten. Ordinate: f^2_{nl} in $1/a_0$-Einheiten. 1: für den $3s$-Zustand nach der Methode von HARTREE-FOCK, 2: für den $3s$-Zustand im modifizierten Potentialfeld, 3: für den $3p$-Zustand nach der Methode von HARTREE-FOCK, 4: für den $3p$-Zustand im modifizierten Potentialfeld.

verbotpotential F_l zugrunde gelegt wurde), und zwar die Energie der
Valenzelektronenzustände sowie die Werte der Variationsparameter, sind
zusammen mit den empirischen Werten der Energie[1] in der Tabelle 1

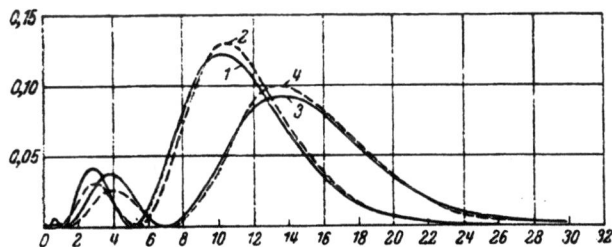

Abb. 14. f^2_{nl} für das Valenzelektron des Na-Atoms (aus P. GOMBÁS, I, S. 216). Abszisse: r in a_0-Einheiten. Ordinate: f^2_{nl} in $1/a_0$-Einheiten. 1: für den $4s$-Zustand nach der Methode von HARTREE-FOCK, 2: für den $4s$-Zustand im modifizierten Potentialfeld, 3: für den $4p$-Zustand nach der Methode von HARTREE-FOCK, 4: für den $4p$-Zustand im modifizierten Potentialfeld.

zusammengestellt. Hieraus ist zu sehen, daß die berechneten Energien mit
den empirischen gut übereinstimmen.

Daß die berechneten Energiewerte in einigen Fällen um einige Prozente
unter die empirischen Werte absinken, ist darauf zurückzuführen, daß bei
diesen Berechnungen in F_l ein Korrektionsglied vernachlässigt wurde und

---

[1] Für die Multipletts wurde der Mittelwert der Energien der Komponenten
angegeben.

daß die Austauschenergie, die aus der Austauschwechselwirkung der Valenzelektronen mit den Rumpfelektronen resultiert, durch eine statistische Näherungsformel berechnet wurde.

Es sei noch erwähnt, daß die Eigenfunktion der beiden Valenzelektronen im Grundzustand des Ca-Atoms und des Al$^+$-Ions, wo sich beide Valenzelektronen in s-Zuständen befinden, folgendermaßen angesetzt wurde[1]

Tabelle 1. **Die Energie der Valenzelektronen und die Parameterwerte $\varkappa$, λ und k für einige Quantenzustände der Atome Na, K und Ca und der Ionen Al$^+$, Al^{++} und Ca$^+$.**

Die Energien sind in e-Volt-, λ und k sind in $1/a_0$-Einheiten angegeben.

		Theorie				εemp	% $\frac{\varepsilon - \varepsilon \text{emp}}{|\varepsilon \text{emp}|}$
		$\varkappa$	λ	k	ε		
Na	$3s$	3,0	0,792	—	−4,918	−5,140	4,3
	$4s$	2,6	0,445	—	−1,925	−1,948	1,2
	$3p$	2,6	0,534	—	−3,023	−3,036	0,4
	$4p$	2,7	0,349	—	−1,332	−1,386	3,9
	$3d$	3,0	0,334	—	−1,505	−1,522	1,1
K	$4s$	2,7	0,577	—	−4,211	−4,341	3,0
	$4p$	3,2	0,521	—	−2,757	−2,727	−1,1
	$3d$	2,7	0,309	—	−1,593	−1,670	4,6
	$4f$	4,0	0,250	—	−0,846	−0,853	0,8
Al^{++}	$3s$	3,0	1,530	—	−28,83	−28,31	−1,8
Ca$^+$	$4s$	3,0	0,945	—	−12,41	−11,82	5,0
Al$^+$	$3s, 3s$	3,0	1,560	0,699	−47,30	−47,04	−0,6
Ca	$4s, 4s$	3,0	0,958	2,16	−18,35	−17,91	−2,5
	$\{4s, 5s\}$ triplett	3,0	$\{\lambda_1=0,95\}$ $\{\lambda_2=0,45\}$	0,395	−14,55	−14,00	−3,9

wo
$$\psi = A\psi_1(r_1)\psi_2(r_2)(1 + kr_{12}), \tag{15,4}$$

$$\psi_i(r) = r^{\varkappa-1} e^{-\lambda r} \tag{15,5}$$
$$(i = 1, 2)$$

ist, r_1 und r_2 die Entfernung der beiden Valenzelektronen vom Kern und r_{12} die gegenseitige Entfernung der beiden Valenzelektronen bezeichnet. k ist ein weiterer Variationsparameter, der zusammen mit $\varkappa$ und λ aus der Minimumsforderung der Energie bestimmt wird.

---

[1] P. Gombás, Zs. f. Phys. **116**, 184, 1940; Gy. Péter, Zs. f. Phys. **119**, 713, 1942; B. Kozma und A. Kónya, Zs. f. Phys. **118**, 153, 1941; B. Kozma, Mat. és Fiz. Lapok (Budapest) **48**, 351, 1941.

§ 15. Anwendungen der Besetzungsverbotpotentiale

Die Eigenfunktion des angeregten $(4s, 5s)$ triplett S-Zustandes des Ca-Atoms wurde in der Form

$$\psi = A \left[\psi_1(r_1) \psi_2(r_2) - \psi_1(r_2) \psi_2(r_1) \right] (1 + k r_{12}) \tag{15,6}$$

angesetzt. Diese in den Elektronenkoordinaten antisymmetrische Funktion erfüllt zugleich auch die Bedingung, daß sie auf die symmetrische Eigenfunktion des Grundzustandes (15,4) orthogonal sei.

Die radiale Wahrscheinlichkeitsdichte f_{nl}^2 für den $3s$-, $3p$-, $4s$- und $4p$-Zustand des Valenzelektrons im Na-Atom ist zusammen mit den mit der Methode des self-consistent field bestimmten entsprechenden Wahrscheinlichkeitsdichten in den Abb. 13 und 14 dargestellt, woraus zu sehen ist, daß die mit dem hier entwickelten Näherungsverfahren erzielte Näherung für f_{nl}^2 in den äußeren Gebieten des Atoms ($r \gtrsim 1 a_0$) sehr gut ist. Im inneren des Atoms kann natürlich f_{nl}^2 über die exakte radiale Wahrscheinlichkeitsdichte nur hinwegmitteln.

Allen diesen Berechnungen liegt, wie gesagt, das Pseudopotential F_l (12,11) zugrunde. Zu ähnlichen Berechnungen wurde auch das Pseudopotential G_l (11,8) herangezogen[1], so z. B. zur Berechnung der Energieeigenwerte und Eigenfunktionen des Valenzelektrons in den $3s$- und $3p$-Zuständen des Na-Atoms, wobei sich eine befriedigende Übereinstimmung mit den weiter oben angegebenen Resultaten ergab, die mit dem Pseudopotential F_l erzielt wurden.

Um die Grenzen der Anwendbarkeit der Besetzungsverbotpotentiale auf Termberechnungen zu prüfen, ist es von Interesse, dieses Verfahren auf das extreme Beispiel des Wasserstoffatoms anzuwenden. Natürlich sind hier nur die angeregten Terme von Interesse, denn für die bei vorgegebener Nebenquantenzahl jeweils tiefsten Terme, d. h. für die $1s$-, $2p$-, $3d$-, ... Zustände ist $G_l \equiv 0$ und das Verfahren führt in diesen Fällen bei einem entsprechenden Ansatz für die Eigenfunktionen zu den exakten Energien und Eigenfunktionen. Es kommen also nur die angeregten Zustände in Frage, bei deren Berechnung man so zu verfahren hat, daß man annimmt, daß die tiefer liegenden Zustände mit gleicher Nebenquantenzahl, wie der zu berechnende, voll besetzt sind. Man wird also z. B. bei der Berechnung des $3s$-Zustandes des H-Atoms das Pseudopotential G_l so wählen, als ob die Zustände $1s$ und $2s$ voll (d. h. mit je zwei Elektronen) besetzt wären. Wir haben für G_l den Ausdruck (11,8) zugrunde gelegt und für die radialen Eigenfunktionen f_{nl} in erster Näherung den Ansatz (15,3) gemacht, wobei alle $c_i = 0$ gesetzt wurden. Für die Energie des Wasserstoffatoms in den Zuständen $2s$, $3s$, $4s$ und $3p$ erhält man so die nach-

---

[1] Ein ausführlicher Bericht über diese Berechnungen erscheint demnächst in der Acta Phys. Hung.

stehenden Werte[1]; die entsprechenden empirischen Werte stehen jeweils neben den berechneten in Klammern. Es ergibt sich in e^2/a_0-Einheiten für die Zustände: $2s$: $-0{,}1254$ $(-0{,}1250)$; $3s$: $-0{,}0534$ $(-0{,}0556)$; $4s$: $-0{,}0292$ $(-0{,}0312_5)$; $3p$: $-0{,}0560$ $(-0{,}0556)$. Wie aus dieser Zusammenstellung zu sehen ist, erweist sich die Übereinstimmung der auf diese Weise berechneten Energien des Wasserstoffatoms mit den empirischen als überraschend gut[2].

2. *Anwendung auf Metalle.* Die modifizierten Potentiale haben nicht nur für freie Atome, sondern auch in der Theorie der Metalle, so insbesondere in der Theorie der Alkali- und Erdalkalimetalle eine vielseitige Anwendung gefunden[3]. Das modifizierte Potential verläuft in den äußeren Gebieten des Atoms, also fast im ganzen Metall, sehr flach und kann sehr gut durch eine Konstante approximiert werden. Eine Näherung für die Metallelektronen, die von vollkommen freien Elektronen ausgeht, ergibt sich hier also als eine natürliche Folge des zugrunde gelegten modifizierten Potentials, und man erhält eine Rechtfertigung dieser Näherung. Dieses in dem modifizierten Potential fußende Näherungsverfahren, das besonders im Falle von Alkalimetallen — wo das Verfahren am besten begründet werden kann — zu Resultaten führte, die mit der Erfahrung ausgezeichnet übereinstimmen[4], konnte auch auf Metalle mit komplizierterer Elektronenstruktur, so z. B. auf Al, mit gutem Erfolg angewendet werden[5].

3. *Vereinfachtes self-consistent field.* Mit dem Besetzungsverbotpotential läßt sich ein vereinfachtes self-consistent-field-Verfahren entwickeln, das im folgenden eine wichtige Rolle spielt und mit dem wir uns für Atome sehr ausführlich im folgenden Paragraphen befassen werden.

---

[1] Diese sind zu einem Vergleich mit Werten, die auf andere Weise berechnet wurden, auch in der Tabelle 3 auf Seite 121 angegeben.

[2] Ähnliche Berechnungen wurden schon bedeutend früher von E. ANTONČIK (Czechosl. Journ. Phys. **7**, 118, 1957) für das Wasserstoffatom durchgeführt. In diesen Berechnungen fehlt jedoch in G_l [man vgl. (11,8)] das zu $D_l P_l$ proportionale Korrekturglied (außerdem steht auch im azimutalen Restglied der Faktor 1/8 statt 1/4), wodurch sich schlechtere Resultate ergeben als die oben angegebenen.

[3] P. GOMBÁS, Zs. f. Phys. **94**, 473, 1935; **95**, 687, 1935; **99**, 729, 1936; **100**, 599, 1936; **104**, 81, 1936; **104**, 592, 1937; **108**, 509, 1938; **111**, 195, 1938; **113**, 150, 1939; **117**, 322, 1941; Nature (London) **137**, 950, 1936; **157**, 668, 1946; Ann. d. Phys. (6) **9**, 70, 1951; Math. u. Naturwiss. Anz. d. Ung. Akad. d. Wiss. **56**, 417, 910, 1937; **59**, 125, 1940; Acta Phys. Hung. **1**, 301, 1952; P. GOMBÁS und GY. PÉTER, Zs. f. Phys. **107**, 656, 1937; H. BROSS und A. HOLZ, Zs. f. Naturforschung, **19a**, 1611, 1964. Bezüglich weiterer Literaturangaben vgl. man P. GOMBÁS, II, S. 208 ff.

[4] Ein Teil dieser Resultate ist bei P. GOMBÁS, I, S. 299 ff. zusammengefaßt dargestellt.

[5] R. GÁSPÁR, Acta Phys. Hung. **2**, 31, 1952; E. ANTONČIK, Českoslov. Časopis Fysiku **2**, 49, 163, 1952; Czechoslov. Journ. Phys. **2**, 31, 1953. Man vgl. auch Z. MATYÁŠ, Czechoslov. Journ. Phys. **1**, 3, 1952.

4. Die Besetzungsverbotpotentiale in der statistischen Theorie des Atoms.
Nachdem wir einige Anwendungsgebiete der Besetzungsverbotpotentiale kurz überblickt haben, wenden wir uns im Rahmen der Anwendungen noch der statistischen Theorie des Atoms zu, in welcher diese Potentiale in den Grundgleichungen in ihrer einfachsten Form — ohne die für kleine Elektronenzahlen wichtigen Korrektionsglieder — in Erscheinung treten. Hiervon ausgehend lassen sich mit Hilfe der nachstehenden sehr einfachen Überlegungen einige interessante, mehr qualitative Resultate unmittelbar gewinnen.

Die Grundgleichungen der verschiedenen statistischen Atommodelle beziehen sich auf das Elektron im höchsten Energiezustand. Die Grundgleichung des THOMAS-FERMIschen Modells lautet nach (4,7) folgendermaßen

$$\frac{5}{3} \varkappa_k \varrho^{2/3} - V e = - V_0 e. \tag{15,7}$$

Das erste Glied auf der linken Seite ist die Energie eines Elektrons im Potentialfeld F_0, wie dies aus einem Vergleich mit (12,7) mit Rücksicht auf (2,6) unmittelbar folgt. Die linke Seite von (15,7) ist also die Energie des Elektrons im modifizierten Potentialfeld

$$V_{\text{mod}} = V + F_0, \tag{15,8}$$

womit sich die Grundgleichung (15,7) mit Berücksichtigung von (4,18) folgendermaßen gestaltet

$$-e V_{\text{mod}} = -e V_0 = -\frac{(Z-N) e^2}{r_0}, \tag{15,9}$$
$$(r \leq r_0)$$

wo Z die Ordnungszahl, N die Elektronenzahl und r_0 den Grenzradius des Atoms bezeichnen. In der einfachen Näherung des THOMAS-FERMIschen Modells ist also V_{mod} im Inneren des Atoms eine Konstante; außerhalb des Atoms wird

$$-e V_{\text{mod}} = -\frac{(Z-N) e^2}{r}. \tag{15,10}$$
$$(r \geq r_0)$$

Für neutrale THOMAS-FERMIsche Atome ist $V_{\text{mod}} = V_0 = 0$. Dies bedeutet, daß ein weiteres Elektron durch das neutrale Atom nicht gebunden werden kann, negative THOMAS-FERMIsche Ionen also nicht stabil sind. Für positive THOMAS-FERMIsche Ionen besitzt V_{mod} einen endlichen Wert, und zwar ist die Energie des Elektrons im modifizierten Potential um so tiefer, je größer der Ionisierungsgrad $Z-N$ und je kleiner r_0 ist. Für das THOMAS-FERMIsche K+-Ion ist $-e V_{\text{mod}}$ als Funktion von r in Abb. 15 dargestellt.

Aus (15,9) und (15,10) ergibt sich sofort ein interessantes Resultat, nämlich daß für die Atome in einer Kolonne des periodischen Systems,

z. B. für die Alkaliatome, die Ionisierungsenergie mit wachsender Ordnungszahl kleiner wird. Für die Atome in einer Kolonne ist nämlich z. B. für die erste Ionisierungsenergie für alle Atome $Z-N=1$, während r_0 mit wachsendem Z wächst, demzufolge die Tiefe der in Abb. 15 dargestellten Potentialenergiemulde und somit auch die Ionisierungsenergie mit wachsendem Z abnimmt.

Für den Wert der Ionisierungsenergie ergibt sich in der THOMAS-FERMIschen Näherung ein viel zu kleiner Wert, was sofort zu sehen ist, da z. B. die Tiefe der Potentialenergiemulde für das K$^+$-Ion $-0{,}192\,\dfrac{e^2}{a_0}=-5{,}23\,e$-Volt ($r_0=5{,}22\,a_0$) beträgt und die Ionisierungsenergie etwa halb so groß ist wie der Betrag der Tiefe der Potentialenergiemulde. Im Vergleich zum empirischen Wert der Ionisierungsenergie des K-Atoms von $4{,}34\,e$-Volt erweist sich dieser Wert als viel zu klein.

Bei den korrigierten statistischen Atommodellen wird die Übereinstimmung mit der Erfahrung besser. So erhält man z. B. für das mit dem

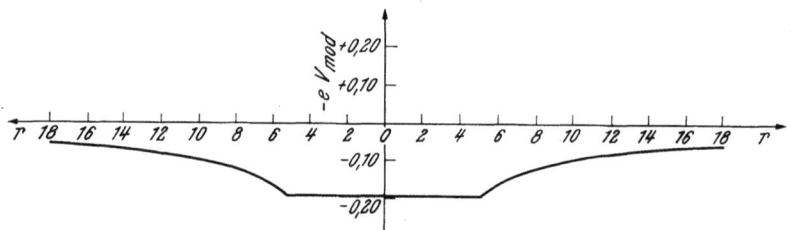

Abb. 15. $-eV_{\mathrm{mod}}$ als Funktion von r für das THOMAS-FERMIsche K$^+$-Ion. Abszisse in a_0-, Ordinate in e^2/a_0-Einheiten.

Elektronenaustausch korrigierte sogenannte THOMAS-FERMI-DIRACsche Modell nach (4,21) statt (15,7) folgende Grundgleichung

$$\frac{5}{3}\varkappa_k\varrho^{2/3}-\frac{4}{3}\varkappa_a\varrho^{1/3}-Ve=-V_0e. \qquad (15{,}11)$$

Neben dem modifizierten Potential tritt hier auch das Austauschpotential V_a^u in Erscheinung und man kann gemäß (4,25) diese Gleichung in der Form schreiben

$$-eV_{\mathrm{mod}}-eV_a^u=-eV_0=-\frac{(Z-N)e^2}{r_0}-\frac{15}{16}\tau_0^2 e, \qquad (15{,}12)$$
$$(r\leq r_0)$$

die für das Innere des Atoms gültig ist. V_{mod} und V_a^u läßt sich zu einem effektiven Potential $V_{\mathrm{eff}}=V_{\mathrm{mod}}+V_a^u$ zusammenfassen. Dieses effektive Potential ist im Inneren des Atoms konstant und geht am Atomrand stetig in das außerhalb des Atoms ($r\geq r_0$) gültige elektrostatische Potential $V=(Z-N)e/r$ über. Beim Übergang am Atomrand ist darauf zu achten, daß im THOMAS-FERMI-DIRACschen Modell die Elektronendichte am Atomrand, im Gegensatz zum THOMAS-FERMIschen Modell und zum FERMI-AMALDIschen Modell, endlich ist und den durch (4,26) gegebenen Wert besitzt. Der Verlauf von $-eV_{\text{eff}}$ als Funktion von r ist also ganz ähnlich wie der in Abb. 15 dargestellte Verlauf von $-eV_{\text{mod}}$. Die Tiefe der Potentialenergiemulde für das K$^+$-Ion beträgt $-0{,}372 \frac{e^2}{a_0} = -10{,}1$ e-Volt ($r_0 = 3{,}08\, a_0$).

Beim statistischen Atommodell, in welchem außer der Austauschkorrektur auch die Korrelationskorrektur enthalten ist, hat man V_{eff} mit dem Korrelationspotential V_c^μ zu ergänzen und zu berücksichtigen, daß die Randdichte den durch (4,27) gegebenen Wert besitzt. Die Potentialenergiemulde erfährt durch die Korrelation eine weitere, jedoch nur geringe Vertiefung.

Abschließend ziehen wir noch das Modell in Betracht, in welchem die Elektronen nach der Nebenquantenzahl gruppiert sind. Gemäß (4,30) bestehen für dieses die folgenden Grundgleichungen

$$\frac{4\pi^4 \gamma^2}{(2l+1)^2} \varrho_l^2 r^4 + \gamma^2 \frac{k^2}{r^2} - Ve = -V_{0l}e. \qquad (15{,}13)$$
$$(l = 0, 1, 2, \ldots)$$

Nach § 11 ist das erste Glied auf der linken Seite, wenn man von den von höherer Ordnung kleinen Gliedern absieht, die Energie des Elektrons im Besetzungsverbotpotential G_l. Das zweite Glied auf der linken Seite ist der azimutale Anteil der kinetischen Energie des Elektrons, den man ebenfalls als eine potentielle Energie auffassen kann, die aus dem Potential $V_\varphi = -\gamma^2 k^2/(er^2)$ resultiert. Wenn man also das effektive Potential

$$V_{\text{eff}}^l = V + G_l + V_\varphi = V_{\text{mod}} + V_\varphi \qquad (15{,}14)$$

einführt, so lassen sich die Grundgleichungen in der Form

$$-eV_{\text{eff}}^l = -eV_{0l} \qquad (15{,}15)$$
$$(l = 0, 1, 2, \ldots)$$

schreiben.

Die grundlegenden Beziehungen für die verschiedenen statistischen Modelle zwischen dem Potential und der Elektronendichte sind also mit der Aussage gleichbedeutend, daß die Energie des Elektrons im höchsten Energiezustand, d. h. die Energie dieses Elektrons im effektiven Potential des Atoms, eine ortsunabhängige Konstante $-eV_0$ bzw. $-eV_{0l}$ sei.

5. Die Besetzungsverbotpotentiale in der Theorie der Atomkerne. Die Besetzungsverbotpotentiale lassen sich auch auf Atomkerne anwenden, da sowohl die Neutronen als die Protonen Teilchen mit halbzahligem Spin sind, für die das Besetzungsverbot ganz ähnlich wie für Elektronen gilt. Die Wechselwirkung eines schweren Kerns mit einem Nucleon kann man also — ganz ähnlich wie im Falle der Wechselwirkung eines schweren Atoms mit einem Elektron — sowohl für die Neutronen als auch für die Protonen gesondert durch je ein modifiziertes Potential (optisches Kernpotential) beschreiben[1], das die charakteristischen Züge des Flaschenpotentials aufweist. Es lassen sich so tatsächlich die Bindungsenergien des letzten Neutrons oder Protons in einem schweren Kern in befriedigender Übereinstimmung mit der Erfahrung berechnen[2].

§ 16. Vereinfachtes self-consistent field für Atome. Das statistische Atommodell mit Schalenstruktur

Mit Hilfe der Besetzungsverbotpotentiale läßt sich die Methode des self-consistent field für Atome vereinfachen[3], das eines der schönsten Anwendungsgebiete der Besetzungsverbotpotentiale für Atome darstellt. Diese vereinfachte Methode des self-consistent field, mit der wir uns hier ausführlich befassen wollen, spielt im folgenden eine wesentliche Rolle, da sie die Grundlage der im folgenden Kapitel vorzunehmenden wellenmechanischen Verallgemeinerung der Besetzungsverbotpotentiale bildet. Dieses vereinfachte self-consistent field ist mit einem erweiterten statistischen Atommodell[4] identisch, in welchem die Elektronen nach der Hauptquantenzahl gruppiert sind und in dem der radiale Dichteverlauf der Elektronen am Ort der einzelnen Elektronenschalen ganz ähnliche Maxima aufweist wie der HARTREEsche und HARTREE-FOCKsche Verlauf der Elektronendichte. Ein Unterschied besteht nur in der Auffassung insofern, daß man beim vereinfachten self-consistent field von Einelektroneigenfunktionen ausgeht, die die im wellenmechanischen Sinne gedeutete Dichteverteilung der Elektronen in einer Schale bestimmt, während man im statistischen Modell des Atoms mit Schalenstruktur die Dichteverteilung der Schalen als primär voraussetzt. Wir werden im folgenden die vereinfachte Methode des self-consistent field in den Vordergrund stellen, da sich die erwähnten Verallgemeinerungen im nächsten Kapitel an diese anschließen. Auf die Zusammenhänge mit dem statistischen Atommodell mit Schalenstruktur wird, wo es uns notwendig erscheint, kurz hingewiesen; die herzuleitenden Energieausdrücke sowie die Grundgleichungen der vereinfachten Methode des self-consistent field gelten unverändert auch für das statistische Atommodell mit Schalenstruktur.

Das im folgenden herzuleitende vereinfachte self-consistent field zergliedert sich in zwei Schritte. In dem der ersten Näherung entsprechenden ersten Schritt werden die vereinfachten Eigenfunktionen vom SLATERschen

---

[1] P. GOMBÁS, Acta Phys. Hung. **5**, 511, 1956.
[2] D. KISDI, Acta Phys. Hung. **5**, 519, 1956.
[3] P. GOMBÁS, Theoretica Chimica Acta (Berl.) **5**, 112, 1966.
[4] P. GOMBÁS und K. LADÁNYI, Acta Phys. Hung. **5**, 313, 1955; **7**, 255, 1957; **7**, 263, 1957; **8**, 301, 1958; Zs. f. Phys. **158**, 261, 1960. P. GOMBÁS und T. SZONDY, Acta Phys. Hung. **14**, 335, 1962; **17**, 371, 1964.

Typ hergeleitet, die die Grundlage unserer folgenden Betrachtungen bilden. In dem der zweiten Näherung entsprechenden zweiten Schritt werden dann diese vereinfachten Eigenfunktionen orthogonalisiert, wodurch man zu Eigenfunktionen gelangt, die die HARTREEschen bzw. HARTREE-FOCKschen Eigenfunktionen sehr gut approximieren.

1. *Erste Näherung.* Eigenfunktionen und Elektronendichte. Die Elektronen eines Atoms gruppieren sich in die K-, L-, M-,... Schalen, die bzw. dem Wert $n = 1, 2, 3,\ldots$ der Hauptquantenzahl entsprechen. In erster Näherung beschreiben wir alle Elektronenzustände in einer Schale durch dieselbe radiale Eigenfunktion vom SLATERschen Typ und bezeichnen diese zunächst von l als unabhängig vorausgesetzte radiale Eigenfunktion der Quantenzustände der n-ten Schale mit $f_n(r)$; sie soll nur bei $r = 0$ und $r = \infty$ verschwinden und besitze nur ein Maximum. Wir nehmen an, daß $f_n(r)$ der Normierungsbedingung

$$\int_0^\infty f_n^2(r)\, dr = 1 \qquad (16,1)$$
$$(n = 1, 2, 3, \ldots)$$

genügt.

Die Grundlage dieser Näherung bildet die hauptsächlich aus den HARTREEschen Berechnungen gewonnene Erkenntnis, wonach in einer vorgegebenen Schale das vom Kern entfernteste Maximum, das sogenannte Hauptmaximum des Quadrates der radialen Eigenfunktion, für alle Elektronenzustände der Schale unabhängig vom Wert der Nebenquantenzahl annähernd in gleicher Entfernung vom Kern liegt, was im Verlauf der gesamten radialen Elektronendichte des Atoms durch die am Ort der Schalen entstehenden Maxima zum Ausdruck kommt (man vgl. Abb. 16).

Infolge dessen, daß in der ersten Näherung die radialen Eigenfunktionen der Elektronenzustände einer Schale von l als unabhängig betrachtet werden, muß man im folgenden bei der Berechnung von Ausdrücken, die l explicite enthalten, über l mitteln.

Wir beschränken uns im folgenden auf Atome, in denen die Unterschalen, d. h. die $2(2l+1)$ Quantenzustände, die in einer Schale K, L, M,... zu einem vorgegebenen Wert der Nebenquantenzahl l gehören, alle vollbesetzt sind. Den Ausgangspunkt bildet der Energieausdruck unseres vereinfachten Atommodells, der sich, abgesehen von dem aus der gegenseitigen Elektronenwechselwirkung resultierenden Anteil, aus der Energie der einzelnen Elektronenschalen aufbauen läßt. In dieser spielt die Dichte ϱ_n sowie die radiale Dichte $D_n = 4\pi r^2 \varrho_n$ der Elektronen in der n-ten Schale eine wichtige Rolle. Wenn wir die Anzahl der Elektronen in der n-ten Schale mit N_n bezeichnen, hat man mit den nach (16,1) normierten Eigenfunktionen

$$D_n = N_n f_n^2. \qquad (16,2)$$

Für die gesamte radiale Dichte D des Atoms gilt der Ausdruck

$$D = \sum_n D_n. \qquad (16{,}3)$$

Das Besetzungsverbotpotential. Das Besetzungsverbot der vollbesetzten Elektronenzustände ziehen wir durch das Besetzungsverbotpotential G_l in Betracht. Für die Elektronen der n-ten Schale mit der Nebenquantenzahl l läßt sich nach (11,8) das Besetzungsverbot der Elektronenzustände mit der Hauptquantenzahl $1, 2, \ldots, n-1$ und der Nebenquantenzahl l näherungsweise durch das Pseudopotential

$$G_{nl} = -\frac{\pi^2}{8(2l+1)^2} e\, a_0 \left[\left(\sum_{n'=l+1}^{n-1} D_{n'l} \right)^2 + 2 D_{nl} \sum_{n'=l+1}^{n-1} D_{n'l} \right] - \frac{1}{8} e\, a_0 \frac{1}{r^2} \qquad (16{,}4)$$

darstellen. Da sich praktisch nur die Dichten der benachbarten Schalen überdecken, ist in den Summen in (16,4) in bezug auf die Elektronen der n-ten Schale dasjenige Glied ausschlaggebend, das der mit der n-ten Schale benachbarten inneren Schale ($n' = n-1$) entspricht; von den übrigen Gliedern spielt nur noch das der zweitbenachbarten Schale entsprechende Glied ($n' = n-2$) eine geringe Rolle; der Beitrag der übrigen Schalen kann vernachlässigt werden. Das Glied mit der zweiten Summe auf der rechten Seite in (16,4) kann im Verhältnis zum Glied mit der ersten Summe als ein im Verhältnis zu diesem kleines Korrektionsglied betrachtet werden, denn die Dichten verschiedener Schalen überdecken sich nicht stark; dieses Korrektionsglied ist demzufolge nur am Ort der n-ten und $(n-1)$-ten Schale von Bedeutung. Durch dieses Korrektionsglied wird also das Potential G_{nl} geringfügig von der Verteilung der Elektronen der n-ten Schale abhängig, auf die sich G_{nl} bezieht.

Da wir, wie gesagt, in unserem vereinfachten Atommodell zwischen den Elektronen mit verschiedener Nebenquantenzahl in einer Schale keinen Unterschied machen und da voraussetzungsgemäß die Unterschalen vollbesetzt sind, hat man für alle Werte von n den Ausdruck $D_{nl} = 2(2l+1) f_n^2$ zu setzen. Mit Rücksicht hierauf erhält man aus (16,4)

$$G_{nl} = -\frac{\pi^2}{2} e\, a_0 \left[\left(\sum_{n'=l+1}^{n-1} f_{n'}^2 \right)^2 + 2 f_n^2 \sum_{n'=l+1}^{n-1} f_{n'}^2 \right] - \frac{1}{8} e\, a_0 \frac{1}{r^2}. \qquad (16{,}5)$$

Wenn man G_{nl} in der n-ten Schale über l mittelt, so erhält man das im Mittel auf die Elektronen der n-ten Schale wirkende Besetzungsverbotpotential

$$G_n = \frac{1}{N_n} \sum_l 2(2l+1) G_{nl}, \qquad (16{,}6)$$

das von l unabhängig ist und wo man die Summation auf alle besetzten l-Werte der n-ten Schale auszudehnen hat.

Wenn wir nun das elektrostatische Potential mit G_n ergänzen und das modifizierte Potential $V_{\text{mod}} = V + G_n$ einführen, so können wir für den Grundzustand des Atoms, auf den wir uns hier beschränken, die Energie der Elektronen der n-ten Schale so berechnen, als ob sie sich im energetisch absolut tiefsten Zustand des modifizierten Potentialfeldes befänden und die Elektronen der inneren Schalen gar nicht existierten.

In der nachfolgenden Energieberechnung der Elektronen ziehen wir den aus dem elektrostatischen Anteil des modifizierten Potentials und den aus dem Pseudopotential G_n resultierenden Anteil der Energie der Elektronen gesondert in Betracht. Den letzteren Anteil, der kinetischen Ursprungs ist, behandeln wir im Rahmen der Berechnung der kinetischen Energie der Elektronen, für die sich hierdurch in unserer Näherung eine wichtige Erkenntnis ergibt.

Energieausdruck und Grundgleichungen ohne Austausch und Korrelation. Zunächst befassen wir uns mit der Berechnung der Energie der Elektronen in der n-ten Schale, danach berechnen wir die gesamte Energie des Atoms und leiten aus dieser die Grundgleichungen ab.

Wir beginnen mit der Berechnung der kinetischen Energie der Elektronen der n-ten Schale. Diese setzt sich aus mehreren Anteilen zusammen. Ein radialer Anteil $E_i^{(n)}$ der kinetischen Energie der Elektronen der n-ten Schale gestaltet sich folgendermaßen

$$E_i^{(n)} = \frac{1}{2} e^2 a_0 N_n \int_0^\infty \left(\frac{df_n}{dr}\right)^2 dr = \frac{1}{8} e^2 a_0 \int_0^\infty \frac{1}{D_n}\left(\frac{dD_n}{dr}\right)^2 dr. \qquad (16,7)$$

Diese Energie, mit D_n ausgedrückt, ist in der statistischen Theorie des Atoms als der WEIZSÄCKERsche Inhomogenitätsanteil der kinetischen Energie bekannt. Sie gilt hier, solange wir zwischen den Eigenfunktionen der Elektronenzustände der n-ten Schale keinen Unterschied machen, exakt.

Ein weiterer Anteil $E_g^{(n)}$ der radialen kinetischen Energie der Elektronen in der n-ten Schale resultiert aus dem Pseudopotential G_n; dieser läßt sich folgendermaßen darstellen

$$E_g^{(n)} = \frac{1}{N_n} \sum_l 2(2l+1) \int_0^\infty \left\{\frac{\pi^2}{2} e^2 a_0 \left[\left(\sum_{n'=l+1}^{n-1} f_{n'}^2\right)^2 + f_n^2 \sum_{n'=l+1}^{n-1} f_{n'}^2\right] + \right.$$

$$\left. + \frac{1}{8} e^2 a_0 \frac{1}{r^2}\right\} N_n f_n^2 dr = -N_n e \int_0^\infty G_n f_n^2 dr + \frac{1}{2} N_n e \int_0^\infty \frac{\partial G_n}{\partial (f_n^2)} f_n^4 dr =$$

$$= -e \int_0^\infty G_n D_n dr + \frac{1}{2} e \int_0^\infty \frac{\partial G_n}{\partial D_n} D_n^2 dr. \qquad (16,8)$$

Diese Energie dient als Ersatz desjenigen Anteils der kinetischen Energie, welcher aus den hier vernachlässigten Orthogonalitätsforderungen der

Eigenfunktionen auf die der energetisch tieferen Energiezustände mit gleicher Nebenquantenzahl resultiert. Die gesamte radiale kinetische Energie der Elektronen in der n-ten Schale ist $E_i^{(n)} + E_g^{(n)}$.

Die Energie $E_g^{(n)}$ stammt aus dem radialen Anteil der FERMIschen kinetischen Energie der Elektronen der n-ten Schale; sie ist jedoch nur ein Teil dieser Energie, und zwar derjenige, der diese Elektronen auf das FERMIniveau $-eG_n$ hebt, das dem höchsten Energiezustand der von den Elektronen der inneren Schalen ($n' = 1, 2, \ldots, n-1$) vollbesetzten Energiezustände entspricht. Den restlichen Teil der radialen FERMIschen kinetischen Energie, der eine Folge der endlichen Impulsbreite der Impulsraumzellen ist und den man — mangels eines besseren Ausdruckes — etwa als die „radiale kinetische Selbstenergie" dieser Elektronen bezeichnen könnte, ist in $E_g^{(n)}$ nicht inbegriffen, sondern ist in $E_i^{(n)}$ enthalten.

In der statistischen Theorie des Atoms wird die kinetische Energie des Atoms meistens in der Weise berechnet, daß man zur gesamten FERMIschen kinetischen Energie (die auch die kinetische Selbstenergie der Elektronen enthält) den WEIZSÄCKERschen Inhomogenitätsanteil einfach hinzuaddiert, wodurch jedoch ein Fehler entsteht, da ein Teil der kinetischen Energie, nämlich die radiale kinetische Selbstenergie, doppelt gezählt wird. Es wurde von mehreren Autoren der Versuch unternommen, dem in der Weise abzuhelfen, daß man $E_i^{(n)}$ mit einem Faktor <1 versehen hat. Unserer Ansicht nach ist der hier eingeschlagene Weg, der nicht den WEIZSÄCKERschen, sondern den FERMIschen Anteil entsprechend reduziert, konsequenter und führt auch zu sehr guten Resultaten. Allerdings wird dieser Weg nur dadurch ermöglicht, daß das hier zugrunde gelegte Atommodell kein rein statistisches Modell ist, sondern einen Übergang zwischen der statistischen und wellenmechanischen Betrachtungsweise darstellt.

Schließlich enthält die kinetische Energie der Elektronen noch einen azimutalen Anteil. Für die Elektronen der n-ten Schale unseres Modells ergibt sich für diesen der Ausdruck

$$E_\varphi^{(n)} = \frac{1}{2} e^2 a_0 \sum_l 2(2l+1) \int_0^\infty \frac{l(l+1)}{r^2} f_n^2 \, dr = -e \int_0^\infty V_\varphi^{(n)} D_n \, dr, \quad (16,9)$$

wo $V_\varphi^{(n)}$ das von l unabhängige für alle Elektronen der n-ten Schale gleiche Ersatzpotential, das mittlere Zentrifugalpotential,

$$V_\varphi^{(n)} = -\frac{1}{2} e a_0 \frac{1}{N_n} \sum_l 2(2l+1) \frac{l(l+1)}{r^2} \quad (16,10)$$

darstellt, in welchem die Summation auf alle besetzten l-Werte der n-ten Schale auszudehnen ist.

Die Berechnung der elektrostatischen potentiellen Energie der Elektronen geschieht in der üblichen Weise. Wir berechnen zunächst die potentielle Energie der Elektronen in der n-ten Schale und zerlegen diese zweckmäßigerweise in die Wechselwirkungsenergie $E_k^{(n)}$ der Elektronen mit dem Kern und in die Energie $E_e^{(n)}$, die aus der Wechselwirkung der Elektronen der n-ten Schale mit den Elektronen aller Schalen, d. h. auch mit den Elektronen der in Betracht gezogenen n-ten Schale, resultiert.

§ 16. Vereinfachtes self-consistent field für Atome

Für $E_k^{(n)}$ erhält man

$$E_k^{(n)} = -N_n e \int_0^\infty V_k f_n^2 \, dr = -e \int_0^\infty V_k D_n \, dr, \tag{16,11}$$

wo

$$V_k = \frac{Ze}{r} \tag{16,12}$$

das Potential des Kerns mit der Ordnungszahl Z ist.

Zur Berechnung von $E_e^{(n)}$ ist es zweckmäßig, zunächst die Wechselwirkungsenergie W_{jn} der Elektronen der n-ten und j-ten Schale zu bestimmen. Für diese ergibt sich

$$W_{jn} = -N_n e \int_0^\infty V_e^{(j)} f_n^2 \, dr = -e \int_0^\infty V_e^{(j)} D_n \, dr, \tag{16,13}$$

wo

$$V_e^{(j)}(\mathfrak{r}) = -N_j e \int \frac{f_j^2(\mathfrak{r}')}{|\mathfrak{r}-\mathfrak{r}'|} \frac{dv'}{4\pi r'^2} = -e \int \frac{D_j(\mathfrak{r}')}{|\mathfrak{r}-\mathfrak{r}'|} \frac{dv'}{4\pi r'^2} \tag{16,14}$$

das elektrostatische Potential der Elektronen der j-ten Schale und dv' das Volumenelement am Ort $\mathfrak{r}'$ bedeutet. Mit (16,14) läßt sich $E_e^{(n)}$ folgendermaßen schreiben

$$E_e^{(n)} = \sum_j{}' W_{jn} + \frac{1}{2} W_{nn} - \frac{1}{2} \frac{1}{N_n} W_{nn}. \tag{16,15}$$

Die Summe ist auf alle besetzten Elektronenzustände mit Ausnahme der n-ten auszudehnen; das letzte Glied auf der rechten Seite steht zur Ausschaltung der elektrostatischen Selbstwechselwirkung der Elektronen.

Ohne die Austausch- und Korrelationsenergie hat man also für die Energie E_n der Elektronen in der n-ten Schale den Ausdruck

$$E_n = E_i^{(n)} + E_g^{(n)} + E_\varphi^{(n)} + E_k^{(n)} + E_e^{(n)}, \tag{16,16}$$

der eine gute Näherung darstellt, da die hier vernachlässigte Austausch- und Korrelationsenergie nur eine kleine Korrektion bedeuten.

In dieser Näherung gestaltet sich die Gesamtenergie E_1 des Atoms folgendermaßen

$$E_1 = \int_0^\infty \nu_1(f_1, f_2, \ldots) \, dr =$$
$$= \sum_n \left(E_i^{(n)} + E_g^{(n)} + E_\varphi^{(n)} + E_k^{(n)} + \frac{1}{2} \sum_j W_{jn} - \frac{1}{2N_n} W_{nn} \right), \tag{16,17}$$

wo $\nu_1(f_1, f_2, \ldots)$ die radiale Energiedichte bezeichnet und die Summationen über n und j auf alle besetzten Schalen auszudehnen sind.

Die Eigenfunktionen hat man aus der Minimumsforderung von E mit Berücksichtigung der Nebenbedingungen (16,1) zu bestimmen, d. h. man hat aus dem Variationsprinzip

$$\delta \int_0^\infty \left[v_1(f_1, f_2, \ldots) - \sum_n \varepsilon_n N_n f_n^2 \right] dr = 0 \qquad (16,18)$$

auszugehen, wo die ε_n LAGRANGEsche Multiplikatoren bezeichnen und $f_1, f_2, \ldots$ die zu variierenden Funktionen sind. Hieraus ergibt sich zur Bestimmung der Eigenfunktionen das Gleichungssystem

$$\frac{1}{2} e^2 a_0 f_n'' + \left[\left(V_k + V_e - \frac{1}{N_n} V_e^{(n)} + V_\varphi^{(n)} + G_n \right) e + \varepsilon_n \right] f_n = 0, \qquad (16,19)$$
$$(n = 1, 2, \ldots)$$

wo f_n'' die zweite Ableitung von f_n nach r und $V_e = \sum_j V_e^{(j)}$ das elektrostatische Potential aller Elektronen des Atoms bezeichnen. Diese Gleichungen haben die Form von SCHRÖDINGER-Gleichungen für den Fall, daß sich die Elektronen in dem effektiven Potential

$$V_{\text{eff}}^{(n)} = V_k + V_e - \frac{1}{N_n} V_e^{(n)} + V_\varphi^{(n)} + G_n \qquad (16,20)$$

befinden; die ε_n sind die Energieparameter. Man hat aus diesen Gleichungen den energetisch absolut tiefsten Zustand zu bestimmen, d. h. es besteht für die Eigenfunktionen $f_1, f_2, \ldots$ die Bedingung, daß diese nur für $r = 0$ und $r = \infty$ verschwinden sollen und dazwischen keine Nullstellen haben dürfen, denn die Eigenfunktionen mit weiteren Nullstellen würden angeregten Zuständen entsprechen.

Das Gleichungssystem (16,19) ist ein stark vereinfachtes HARTREEsche Gleichungssystem des self-consistent field. Die Vereinfachungen liegen einerseits darin, daß wir statt der Orthogonalisierung der Eigenfunktionen auf die Eigenfunktionen der energetisch tiefer liegenden Zustände mit derselben Nebenquantenzahl das Pseudopotential G_n einführten, und andererseits darin, daß wir zwischen den Elektronen mit verschiedener Nebenquantenzahl in einer Elektronenschale keinen Unterschied machten, d. h. die Aufspaltung der Eigenfunktionen und der Energieparameter nach l nicht berücksichtigt haben. Diese grobe Näherung hat zur Folge, daß sich die Anzahl der Gleichungen in unserem Gleichungssystem in Verhältnis zum HARTREEschen stark verringert, so z. B. bei Ar von 5 auf 3 und bei Hg von 14 auf 6, was eine beträchtliche Vereinfachung bedeutet. Allerdings erhält man zufolge der Unterdrückung der Aufspaltung nach zunächst nur eine grobe Näherung, die man jedoch — wie im Abschnitt gezeigt werden soll — sehr einfach verfeinern kann, und es ergibt sich dann eine sehr gute Approximation der exakten Lösung des self-consistent field

§ 16. Vereinfachtes self-consistent field für Atome

Das effektive Potential (16,20) in der Gleichung für f_n ist außer von den Eigenfunktionen der Elektronen in den übrigen Schalen auch von der zu bestimmenden Eigenfunktion f_n abhängig. Die Lösung des Gleichungssystems (16,19) kann mit einem ähnlichen Iterationsverfahren geschehen, das man bei der Lösung der HARTREEschen Gleichungen des self-consistent field anwendet.

Energieausdruck und Grundgleichungen mit Austausch und Korrelation. Wir wollen annehmen, daß wir die Eigenfunktionen auf die beschriebene Weise bestimmt haben. Aus den Eigenfunktionen ergibt sich unmittelbar die Dichteverteilung ϱ der Elektronen im Atom. Im Besitz von ϱ können wir sehr einfach die Näherung unseres Verfahrens verbessern, indem wir den Elektronenaustausch und die Korrelation in das Verfahren einbauen.

Hierzu ergänzen wir den Energieausdruck des Atoms mit der Austauschenergie E_a und der Korrelationsenergie E_c der Elektronen des Atoms, die wir mit dem in den Paragraphen 5 bzw. 8 hergeleiteten mittleren Austausch- und Korrelationspotential berechnen. Diese Energien kann man mit diesen Näherungsausdrücken nur für das ganze Atom, nicht aber für die einzelnen Schalen angeben, da das Austausch- und Korrelationspotential nicht in Anteile aufgespalten werden kann, die von den einzelnen Schalen herrühren.

Nach (5,6) und (8,3) kann man das mittlere Austauschpotential $V_a^{m'}$ und das mittlere Korrelationspotential $V_c^{m'}$ folgendermaßen darstellen

$$V_a^{m'} = k V_a^m = 2k \frac{\varkappa_a}{e} \varrho^{1/3}, \tag{16,21}$$

$$V_c^{m'} = k V_c^m = \frac{2k}{e} g(\varrho^{1/3}) = \frac{2k}{e} \frac{\beta_1}{\beta_2 + \varrho^{1/3}} \varrho^{1/3} + \frac{2k \gamma_1}{e} \ln(1 + \gamma_2 \varrho^{1/3}), \tag{16,22}$$

wo wir zur groben Ausschaltung des Selbstaustausches und der Selbstkorrelation für k den zum FERMI-AMALDIschen (S. 41) analogen Korrektionsfaktor

$$k = 1 - \frac{2}{N} \tag{16,23}$$

setzten, und in k berücksichtigt haben, daß in einem Atom mit abgeschlossenen Schalen nur je die Hälfte der Elektronen (Elektronen mit parallelem Spin) miteinander in einer Austauschwechselwirkung steht und ebenfalls nur für die Hälfte der Elektronen (Elektronen mit antiparallelem Spin) die Korrelationswechselwirkung von Bedeutung ist. Die Elektronendichte ϱ betrachten wir aus den ohne den Austausch und ohne die Korrelation durchgeführten Berechnungen hier als gegeben.

Mit diesen Ausdrücken für $V_a^{m'}$ und $V_c^{m'}$ erhält man

$$E_a = -\frac{1}{2} k e \sum_n N_n \int_0^\infty V_a^m f_n^2 \, dr = -\frac{1}{2} k e \int_0^\infty V_a^m D \, dr, \tag{16,24}$$

$$E_c = -\frac{1}{2} k e \sum_n N_n \int_0^\infty V_c^m f_n^2 \, dr = -\frac{1}{2} k e \int_0^\infty V_c^m D \, dr, \qquad (16,25)$$

wo die gesamte radiale Elektronendichte D durch (16,3) dargestellt wird.

Die Gesamtenergie des Atoms gestaltet sich nun mit der Austausch- und Korrelationsenergie folgendermaßen

$$E_2 = \int_0^\infty \nu_2(f_1, f_2, \ldots) \, dr = E_1 + E_a + E_c, \qquad (16,26)$$

wo ν_2 die mit der Austausch- und Korrelationskorrektion erweiterte radiale Energiedichte bedeutet.

Mit dem mittleren Austausch- und Korrelationspotential kann man das Gleichungssystem (16,19) für die Funktionen $f_1, f_2, \ldots, f_n, \ldots$ ganz ähnlich, wie dies SLATER[1] bei der vereinfachten Berücksichtigung des Austausches in den Grundgleichungen des self-consistent field getan hat, folgendermaßen erweitern

$$\frac{1}{2} e^2 a_0 f_n'' + \left[\left(V_k + V_e - \frac{1}{N_n} V_e^{(n)} + k V_a^m + k V_c^m + V_\varphi^{(n)} + G_n \right) e + \varepsilon_n \right] f_n = 0.$$
$$(n = 1, 2, \ldots) \qquad (16,27)$$

Diese Gleichungen unterscheiden sich von den Gleichungen (16,19) darin, daß in den ersteren das effektive Potential (16,20) durch das mittlere Austausch- und Korrelationspotential ergänzt ist[2]. Die Randbedingungen sind dieselben wie beim Gleichungssystem (16,19).

Wir haben in den Grundgleichungen sowie im Energieausdruck (16,26) die elektrostatische Selbstwechselwirkung, den Selbstaustausch und die Selbstkorrelation der Elektronen ausgeschaltet, die beiden letzteren allerdings nur in einer sehr groben Weise. Es sei hier erwähnt, daß bei einer exakten Behandlung des self-consistent field nach HARTREE-FOCK im Energieausdruck und in den Grundgleichungen [man vgl. (1,20) und (1,30)] die elektrostatische Selbstwechsel-

---

[1] J. C. SLATER, Phys. Rev. **81**, 385, 1951.
[2] Das mittlere Austauschpotential V_a^m in den Gleichungen (16,27) ergibt sich nicht aus dem zu (16,18) analogen Variationsprinzip. Aus diesem würde man für das Austauschpotential in den Gleichungen (16,27) das Potential V_a^μ, d. h. das auf das Elektron im höchsten Energiezustand des Atoms wirkende Austauschpotential erhalten, das in diesen Gleichungen eine weniger gute Näherung geben würde als das SLATERsche mittlere Austauschpotential, das aus einer Mittelbildung über die verschiedenen Zustände des Bezugselektrons gewonnen wurde (man vgl. hierzu § 5 und 6). Das in der Gleichung (16,27) stehende mittlere Korrelationspotential V_c^m, das formal dem mittleren Austauschpotential nachgebildet wurde, kann ebenfalls nicht aus dem Variationsprinzip hergeleitet werden. Aus diesem würde sich das Korrelationspotential V_c^μ ergeben, für das man in der Gleichung (16,27) — ganz ähnlich wie beim Austauschpotential — eine weniger gute Näherung erwarten kann als für V_c^m (man vgl. hierzu § 8).

wirkung der Elektronen durch den Selbstaustausch von selbst kompensiert wird, eigens eine Korrektion einzuführen also überflüssig ist. In unserer Näherung findet jedoch diese Kompensation nicht statt, so daß es zweckmäßig ist, die oben eingeführten Korrektionen zu verwenden.

Lösung der Grundgleichungen mit dem Variationsverfahren. Die Lösung der Grundgleichungen (16,19) bzw. (16,27) mit dem Iterationsverfahren führt zu weitläufigen Rechnungen. Eine für die meisten Zwecke ausreichend genaue Näherungslösung kann man mit Hilfe des Variationsverfahrens mit einer wesentlich geringeren Rechenarbeit folgendermaßen berechnen. Man macht für die Eigenfunktion einen Ansatz, der einige zweckmäßig gewählte Variationsparameter enthält, berechnet mit diesem die Energie des Atoms als Funktion dieser Parameter und bestimmt diese aus der Minimumsforderung der Energie.

In erster Näherung ist es zweckmäßig, für f_n folgenden Ansatz zu machen

$$f_n = A_n r^{\varkappa_n} e^{-\lambda_n r}, \tag{16,28}$$

wo A_n eine Normierungskonstante bezeichnet, für die man aus (16,1)

$$A_n = \sqrt{\frac{(2\lambda_n)^{2\varkappa_n+1}}{\Gamma(2\varkappa_n+1)}} \tag{16,29}$$

erhält; $\varkappa_n$ und λ_n sind Variationsparameter, die aus der Minimumsforderung der Energie des Atoms bestimmt werden. Allerdings wird man für $\varkappa_n$ nur ganzzahlige oder halbzahlige Werte zulassen, da die Rechnungen nur für diese Werte einfach durchgeführt werden können. Mit dieser Einschränkung läßt sich mit dem Ansatz (16,28) die Gesamtenergie des Atoms aus (16,17) sehr einfach als Funktion der Variationsparameter $\varkappa_1, \varkappa_2, \ldots$; $\lambda_1, \lambda_2, \ldots$ berechnen, die dann simultan aus der Minimumsforderung der Gesamtenergie zu bestimmen sind.

Dieses Verfahren läßt sich noch weiter vereinfachen, indem man annimmt, daß die Elektronenverteilung in einer Schale nur vom Kernpotential und vom Potential der inneren Schalen abhängt, von den äußeren Schalen aber in erster Näherung unabhängig ist. Man kann dann das Atom sukzessive aufbauen, indem man eine Schale nach der anderen hinzufügt. In diesem Falle hat man jeweils nur eine einzige Eigenfunktion f_n, d. h. nur ein Wertepaar $\varkappa_n, \lambda_n$ zu bestimmen, was die Rechnungen sehr vereinfacht. Daß dieser sukzessive Schalenaufbau des Atoms als eine nullte Näherung zulässig ist, ergibt sich daraus, daß sich die so bestimmten Werte der Variationsparameter von denjenigen Werten, die man aus einer simultanen Variation aller dieser Parameter erhält, nur wenig unterscheiden. Es sei noch erwähnt, daß bei einigen Anwendungen in der nullten Näherung im Ausdruck (16,5) von G_{nl} das Korrektionsglied [das zweite Glied in der eckigen Klammer auf der rechten Seite in (16,5)] vernachlässigt wurde.

Die so berechneten Resultate, die sich auf den Energieausdruck (16,17) ohne Austausch- und Korrelationskorrektion gründen, kann man verfeinern, wenn man statt (16,17) den mit der Austausch- und Korrelationsenergie ergänzten Energieausdruck (16,26) zugrunde legt. In diesem Energieausdruck kann man im Ausdruck des Austausch- und Korrelationspotentials für die Dichteverteilung ϱ die ohne Austausch und Korrelation gewonnene Verteilung setzen und die somit von den zu bestimmenden Eigen-

Tabelle 2. Werte der Variationsparameter $\varkappa_n$, λ_n und der Energie E. λ_n in $1/a_0$- und E in e^2/a_0-Einheiten.

	n	$\varkappa_n$	λ_n	$-E_{\text{theor}}$	$-E_{\text{emp}}$
Ne	1	1,0	9,870	125,63	129,5
	2	1,5	2,005		
Ar	1	1,0	18,515	527,0	525,4
	2	2,0	6,560		
	3	3,0	2,405		
Kr	1	1,0	35,690	2735	2704
	2	2,0	15,000		
	3	3,0	6,735		
	4	4,0	2,660		
Rb+	1	1,0	39,530	2878	2885
	2	2,0	15,495		
	3	3,0	6,645		
	4	4,0	2,705		
X	1	1,0	53,690	7267	7079
	2	2,0	23,190		
	3	3,0	12,380		
	4	4,0	5,970		
	5	5,0	2,735		
Hg	1	1,0	88,925	18351	18680
	2	2,0	37,730		
	3	3,0	19,500		
	4	3,5	8,615		
	5	4,0	3,565		
	6	4,5	1,245		

funktionen unabhängigen Ausdrücke für V_a^m und V_c^m zur möglichst einfachen Durchführung der Rechnungen durch einfache Ausdrücke approximieren. Der hierdurch entstehende Fehler ist unbedeutend, da die Austausch- und Korrelationsenergie zur Gesamtenergie des Atoms nur einen kleinen Beitrag geben. Das Variationsverfahren kann dann für den Energieausdruck (16,26) geradeso durchgeführt werden wie für den Ausdruck (16,17).

§ 16. Vereinfachtes self-consistent field für Atome

Resultate. Dieses Verfahren wurde in verschiedenen Näherungen auf die Atome Ne, Ar, Kr, X und Hg sowie auf die Ionen Rb⁺ und Hg⁺⁺ angewendet. Die Werte der Variationsparameter sind in der Tabelle 2 zusammengestellt[1]. Im Falle des Hg⁺⁺-Ions wurde für die beiden äußersten Schalen f_n auf numerischem Wege durch Lösen der Gleichung (16,19) bestimmt. In diesem Falle liegen die Lösungen tabelliert vor[2].

Für das Hg-Atom haben wir f_3^2 zusammen mit den aus den self-consistent-field-Verteilungen[3] berechneten radialen Eigenfunktionsquadraten f_{3s}^2, f_{3p}^2 und f_{3d}^2 in Abb. 16 dargestellt. Hieraus ist zu sehen, daß das Maximum von f_{3d}^2 sowie die äußersten (vom Kern entferntesten) Maxima von f_{3s}^2 und f_{3p}^2 annähernd in gleicher Entfernung vom Kern liegen und näherungsweise denselben Wert besitzen und daß dieses Maximum durch unser f_3^2 befriedigend approximiert wird. In der Nähe des Kerns gibt unser f_3^2 einen Mittelwert des Verlaufes von f_{3s}^2 bzw. von f_{3p}^2.

Der von uns berechnete Verlauf der gesamten radialen Elektonendichte D des Ar- und Hg-Atoms ist zusammen mit dem Verlauf der aus den self-consistent-field-Verteilungen[4]

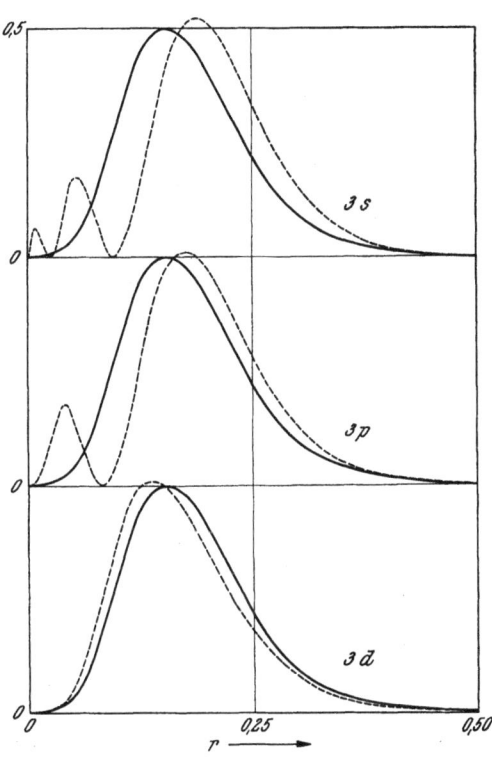

Abb. 16. Vergleich der mit der vereinfachten Methode des self-consistent field berechneten radialen Verteilungsfunktion $f_3{}^2/(4\pi)$ mit den HARTREESCHEN radialen Verteilungsfunktionen $\varphi^2{}_{3s}/(4\pi)$, $\varphi^2{}_{3p}/(4\pi)$ und $\varphi^2{}_{3d}/(4\pi)$ für das Hg-Atom. Abszisse in a_0-, Ordinate in $1/a_0$-Einheiten. —— die mit der vereinfachten scf-Methode berechnete Verteilungsfunktion $f_3{}^2/(4\pi)$, ---- die HARTREESCHEN Verteilungsfunktionen.

---

[1] Diese Parameterwerte sind den in der Fußnote 4 auf S. 90 zitierten Arbeiten entnommen. Der Parameterwert λ_n für Rb⁺ ($n=4$) und Hg ($n=4$) ist in der Arbeit P. GOMBÁS, Theoretica Chemica Acta (Berl.) **5**, 112, 1966 um einige Promille versehentlich zu groß angegeben.

[2] P. GOMBÁS und K. LADÁNYI, Acta Phys. Hung. **7**, 255, 1957.

[3] D. R. HARTREE und W. HARTREE, Proc. Roy. Soc. London (A) **149**, 210, 1935.

[4] D. R. HARTREE und W. HARTREE, Proc. Roy. Soc. London (A) **166**, 450, 1938; **149**, 210, 1935.

berechneten radialen Elektronendichte in den Abb. 17 und 18 dargestellt. Aus diesen ist ersichtlich, daß die von uns berechneten Verteilungen der gesamten Elektronendichte die entsprechenden Verteilungen des self-

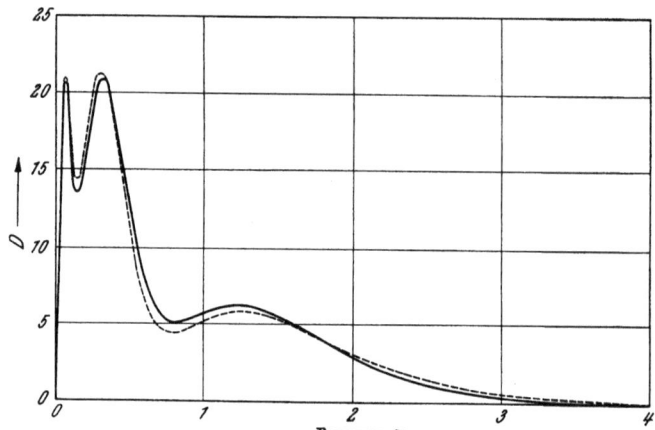

Abb. 17. Vergleich der mit der vereinfachten Methode des self-consistent field berechneten gesamten radialen Elektronendichte D des Ar-Atoms mit der von HARTREE-FOCK. Abszisse in a_0-, Ordinate in $1/a_0$-Einheiten. ─── mit der vereinfachten scf-Methode berechnet, ---- nach HARTREE-FOCK.

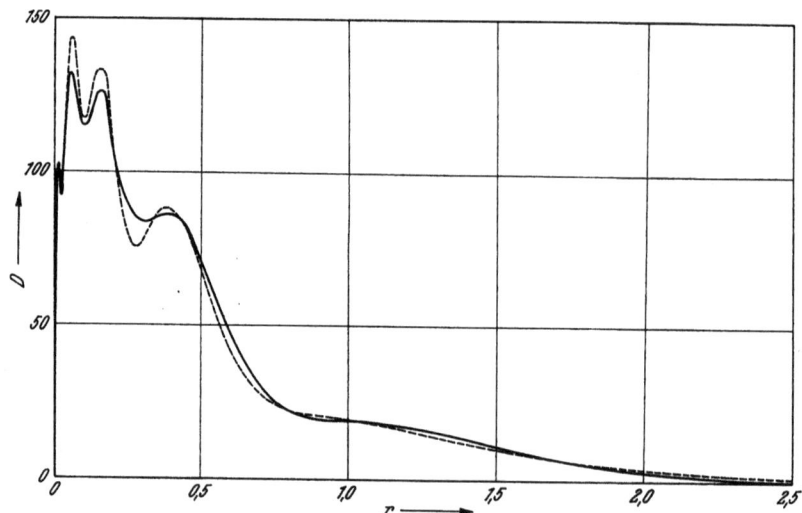

Abb. 18. Vergleich der mit der vereinfachten Methode des self-consistent field berechneten gesamten radialen Elektronendichte D des Hg-Atoms mit der von HARTREE. Abszisse in a_0-, Ordinate in $1/a_0$-Einheiten. ─── mit der vereinfachten scf-Methode berechnet, ---- nach HARTREE.

consistent field ausgezeichnet approximieren. Die den einzelnen Schalen entsprechenden Maxima sind gut ausgeprägt und liegen praktisch an denselben Stellen wie beim self-consistent field. Das Fehlen der inneren

Nebenmaxima in unseren radialen Teildichten D_n macht sich im Verlauf der gesamten radialen Dichte D kaum bemerkbar.

In der Tabelle 2 sind auch die Werte der Energie der Atome (d. h. des Energieminimums) zusammen mit den empirischen und halbempirischen Werten[1] angegeben. Wie aus einem Vergleich zu sehen ist, stimmen die berechneten Energiewerte (E_{theor}) mit den empirischen bzw. halbempirischen Werten, die in der Kolonne mit E_{emp} angeführt sind, vom leichten Atom Ne bis zum schweren Atom Hg sehr gut überein. Durch Berechnung der Energie von ionisierten Atomen kann man aus den Energiedifferenzen die Abtrennungsarbeit des jeweils äußersten Elektrons, d. h. die Ionisierungsenergien berechnen, die ebenfalls gut mit der Erfahrung übereinstimmen.

2. Zweite Näherung, Orthogonalisierung der Eigenfunktionen. Die zweite Näherung dieses Verfahrens besteht darin, daß man die in der vorangehenden Näherung berechneten f_n-Eigenfunktionen auf die zur gleichen Nebenquantenzahl gehörenden Eigenfunktionen der inneren Elektronen mit dem SCHMIDTschen Verfahren orthogonalisiert[2], wodurch man eine überraschend gute Approximation der Einelektroneigenfunktionen des self-consistent field erhält. Die Quadrate der so gewonnenen Eigenfunktionen geben nicht nur die vom Kern entferntesten Maxima, die sogenannten Hauptmaxima, sondern auch die inneren Nebenmaxima richtig wieder. Der Wert der Maxima sowie die Nullstellen der Eigenfunktionen sind praktisch dieselben wie bei denen des self-consistent field. Durch die Orthogonalisierung ergibt sich zugleich die Aufspaltung nach l, und wir bezeichnen demgemäß die so gewonnenen orthonormierten radialen Eigenfunktionen mit zwei Indizes, und zwar mit dem Symbol φ_{nl}, und führen zur Abkürzung für das im folgenden viel gebrauchte Überlappungsintegral die übliche Bezeichnung

$$\int_0^\infty \varphi_{nl}^* f_n \, dr = (\varphi_{nl}, f_n) \tag{16,30}$$

ein[3].

Die Orthogonalisierung und Zuordnung der Eigenfunktionen zu den Quantenzuständen mit verschiedener Nebenquantenzahl geschieht folgendermaßen:

Die K-Schale enthält die beiden $1s$-Zustände, man wird also für die

---

[1] Diese sind einer Zusammenstellung von GOMBÁS (P. GOMBÁS, II, S. 183) entnommen.

[2] P. GOMBÁS, Theoretica Chimica Acta (Berl.) 5, 112, 1966.

[3] Obwohl die radialen Atomeigenfunktionen reell sind, haben wir trotzdem die übliche Definition mit der zu φ_{nl} konjugiert komplexen Funktion im Überlappungsintegral beibehalten, da sich dies bei einer später (§ 17) vorzunehmenden Verallgemeinerung als nützlich erweist.

1 s-Eigenfunktion
$$\varphi_{10} = f_1 \tag{16,31}$$
setzen.

Von den acht Elektronen der L-Schale sind zwei im $2s$- und sechs im $2p$-Zustand. Die knotenlose $2p$-Eigenfunktion φ_{21} identifizieren wir mit unserer f_n-Eigenfunktion, wir setzen also

$$\varphi_{21} = f_2. \tag{16,32}$$

Für die $2s$-Eigenfunktion machen wir den Ansatz

$$\varphi_{20} = C_{20}\,(f_2 - \sigma_{10,2}\,\varphi_{10}) \tag{16,33}$$

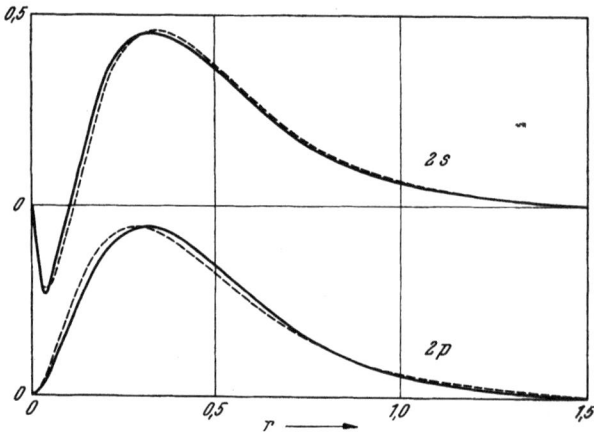

Abb. 19. Vergleich der mit der vereinfachten Methode des self-consistent field berechneten radialen Eigenfunktionen $\varphi_{20}/\sqrt{4\pi}$ und $\varphi_{21}/\sqrt{4\pi}$ für das Ar-Atom mit den HARTREE-FOCKschen. Abszisse in a_0-, Ordinate in $1/a_0^{1/2}$-Einheiten. ——— mit der vereinfachten scf-Methode berechnet, – – – nach HARTREE-FOCK.

und bestimmen die Konstante $\sigma_{10,2}$ aus der Bedingung, daß φ_{20} auf φ_{10} orthogonal sei, woraus für $\sigma_{10,2}$ der Wert

$$\sigma_{10,2} = (\varphi_{10},\,f_2) \tag{16,34}$$

folgt. C_{20} ist ein Normierungsfaktor, für den man aus der Normierungsbedingung den Wert

$$C_{20} = \frac{1}{(\varphi_{20},\,f_2)} = \frac{1}{[1 - |(\varphi_{10}, f_2)|^2]^{1/2}} \tag{16,35}$$

erhält.

Bei der nächstfolgenden M-Schale kann man ganz ähnlich vorgehen, indem man für die Eigenfunktionen der $3d$-, $3p$- und $3s$-Zustände bzw.

$$\left.\begin{aligned}\varphi_{32} &= f_3,\\ \varphi_{31} &= C_{31}\,(f_3 - \sigma_{21,3}\,\varphi_{21}),\\ \varphi_{30} &= C_{30}\,(f_3 - \sigma_{20,3}\,\varphi_{20} - \sigma_{10,3}\,\varphi_{10})\end{aligned}\right\} \tag{16,36}$$

§ 16. Vereinfachtes self-consistent field für Atome

setzt, wo die Konstante $\sigma_{21,3}$ aus der Forderung bestimmt wird, daß φ_{31} auf φ_{21} orthogonal sei und die Konstanten $\sigma_{10,3}$ und $\sigma_{20,3}$ durch die Orthogonalitätsforderung von φ_{30} auf φ_{10} und von φ_{30} auf φ_{20} festgelegt werden, woraus sich

$$\sigma_{21,3} = (\varphi_{21}, f_3), \quad \sigma_{10,3} = (\varphi_{10}, f_3), \quad \sigma_{20,3} = (\varphi_{20}, f_3) \tag{16,37}$$

ergibt. Für die Normierungsfaktoren C_{31} und C_{30} folgen aus der Normierungsbedingung die Werte

$$C_{31} = \frac{1}{[1 - |(\varphi_{21}, f_3)|^2]^{1/2}}, \quad C_{30} = \frac{1}{[1 - |(\varphi_{10}, f_3)|^2 - |(\varphi_{20}, f_3)|^2]^{1/2}}. \tag{16,38}$$

Dieses Verfahren läßt sich fortsetzen, und man erhält für die orthogonale auf 1 normierte Eigenfunktion des Quantenzustandes n, l

$$\varphi_{nl} = C_{nl} \left[f_n - \sum_{n'=l+1}^{n-1} (\varphi_{n'l}, f_n) \varphi_{n'l} \right] \tag{16,39}$$

mit

$$C_{nl} = \frac{1}{\left[1 - \sum_{n'=l+1}^{n-1} |(\varphi_{n'l}, f_n)|^2 \right]^{1/2}}. \tag{16,40}$$

Mit diesem Verfahren wurden alle Einelektroneigenfunktionen für den Grundzustand des Ar- und Hg-Atoms berechnet. Die Eigenfunktionen φ_{20} und φ_{21} des Ar-Atoms sowie die Eigenfunktionen φ_{40}, φ_{41}, φ_{42} und φ_{43} des Hg-Atoms sind zusammen mit den entsprechenden Eigenfunktionen des self-consistent field in den Abb. 19 und 20 dargestellt, woraus zu sehen ist, daß die Übereinstimmung der mit diesem vereinfachten Verfahren berechneten Eigenfunktionen, abgesehen von φ_{43} für Hg, mit denen des self-consistent field sehr gut ist. Für die höchsten Energiezustände, und zwar insbesondere bei den 4f-, 5s-, 5p-, 5d- und 6s-Zuständen des Hg-Atoms, ist die Übereinstimmung etwas schlechter. Dies dürfte darauf zurückzuführen sein, daß einerseits für diese Zustände unsere Eigenfunktionen f_n der ersten Näherung nicht so genau sind wie für Zustände, bei welchen sich das Elektron vorwiegend im Inneren des Atoms aufhält, und andererseits, insbesondere bei den genannten s- und p-Zuständen, darauf, daß zufolge der großen Anzahl der Orthogonalitätsforderungen für ein Elektron in der äußeren Schale eines schweren Atoms die Fehler sich akkumulieren können. Dazu kommt noch, daß die als Vergleichsbasis gewählten HARTREEschen Eigenfunktionen für die Elektronenzustände der äußersten Schale bei schweren Atomen ebenfalls mit einem merklichen Fehler behaftet sein können.

Abgesehen von diesem extremen Fall approximieren jedoch unsere Eigenfunktionen φ_{nl} die exakten Einelektroneigenfunktionen des self-consistent field sehr gut; sie sind daher gute Näherungslösungen der Grundgleichungen des self-consistent field, und zwar kann man diejenigen φ_{nl}-

Eigenfunktionen, für die die f_n-Eigenfunktionen der ersten Näherung (aus denen die φ_{nl} aufgebaut sind) mit Austausch berechnet wurden, als Näherungslösungen der Fockschen Gleichungen [man vgl. (1,30)] betrachten und diejenigen φ_{nl}-Eigenfunktionen, für die die f_n-Eigenfunktionen ohne Austausch berechnet wurden, als Näherungslösungen der HARTREEschen Gleichungen [man vgl. (1,10)] ansehen.

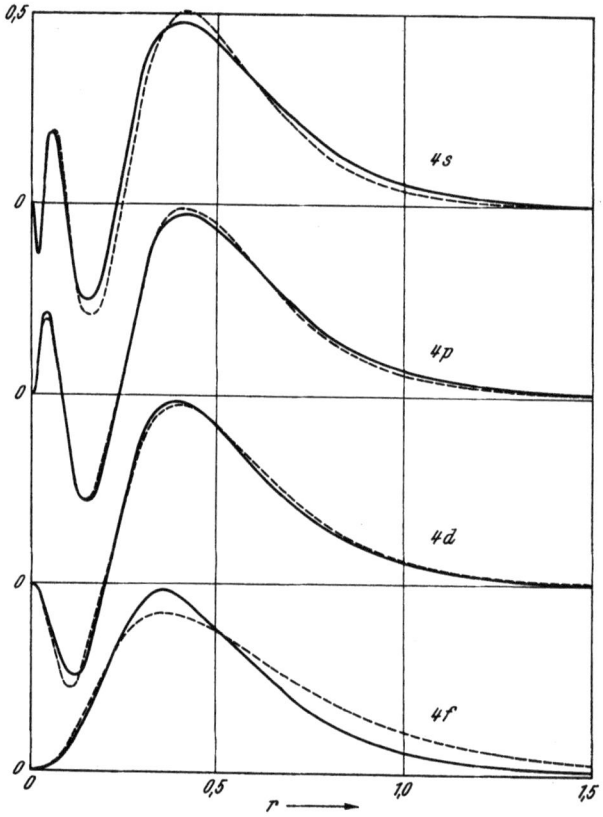

Abb. 20. Vergleich der mit der vereinfachten Methode des self-consistent field berechneten radialen Eigenfunktionen $\varphi_{40}/\sqrt{4\pi}$, $\varphi_{41}/\sqrt{4\pi}$, $\varphi_{42}/\sqrt{4\pi}$ und $\varphi_{43}/\sqrt{4\pi}$ für das Hg-Atom mit den HARTREEschen. Abszisse in a_0-, Ordinate in $1/a_0^{1/2}$-Einheiten. ——— mit der vereinfachten scf-Methode berechnet, ----- nach HARTREE.

Da die Eigenfunktionen φ_{nl} nicht aus der Minimumsforderung des Fockschen oder HARTREEschen Energieausdruckes bestimmt wurden, läßt sich eine Verbesserung der Näherung auf folgende sehr einfache Weise erreichen. Man nimmt eine Streckung des Koordinatenmaßstabes vor, indem man für die neue Ortsvariable

$$\mathfrak{r}_\lambda = \lambda \mathfrak{r} \tag{16,41}$$

und für die neuen auf 1 normierten radialen Eigenfunktionen

§ 16. Vereinfachtes self-consistent field für Atome

$$\varphi_{nl}^{(\lambda)}(r) = \lambda^{1/2}\,\varphi_{nl}(\lambda r) \qquad (16,42)$$
$$(n = l+1,\, l+2,\ldots;\ l = 0, 1, 2, \ldots)$$

setzt und den Streckungsparameter λ aus der Minimumsforderung der HARTREEschen oder FOCKschen Energie des Atoms bestimmt; man vgl. hierzu (1,7) bzw. (1,20).

Die Berechnung der Energie E_λ des Atoms mit den Eigenfunktionen (16,42) erfolgt durch die wellenmechanische Mittelbildung nach HARTREE oder FOCK des in § 1 angegebenen HAMILTON-Operators $\mathbf{H}_A$. Wenn man die mit den ursprünglichen Eigenfunktionen $\varphi_{nl}(r)$ berechnete kinetische Energie mit K und die potentielle Energie mit P bezeichnet, so ergibt sich

$$E_\lambda = \lambda^2 K + \lambda P. \qquad (16,43)$$

Aus der Minimumsforderung von E_λ erhält man für den Streckungsparameter den Wert

$$\lambda_0 = -\frac{P}{2K}, \qquad (16,44)$$

womit die Eigenfunktionen (16,42) festgelegt sind. Auf diese Weise läßt sich tatsächlich eine Verbesserung der Eigenfunktionen erzielen[1].

Die dem Quantenzustand n, l entsprechende Energie ε_{nl} des Elektrons erhält man z. B. in der FOCKschen Näherung bekanntlich folgendermaßen

$$\varepsilon_{nl} = \int \varphi_{nl}^* Y_{lm}^* \mathbf{H}_F \varphi_{nl} Y_{lm} \frac{1}{r^2} dv, \qquad (16,45)$$

wo $\mathbf{H}_F$ den nach FOCK erweiterten HAMILTON-Operator in den Grundgleichungen (1,30) des self-consistent field bezeichnet und Y_{lm} die Kugelflächenfunktion in der üblichen Bezeichnung ist.

Da unsere Eigenfunktionen φ_{nl} die des HARTREEschen oder FOCKschen self-consistent field sehr gut approximieren, läßt sich ohne Rechnungen einsehen, daß dies für die Energieeigenwerte in zunehmendem Maße der Fall ist, da sich die Energieeigenwerte ganz allgemein mit bedeutend größerer Genauigkeit ergeben als die entsprechenden Eigenfunktionen.

V. Nicht-lokale Besetzungsverbotpotentiale. Besetzungsverbotoperatoren

Im vorangehenden Kapitel wurde gezeigt, daß man das PAULIsche Besetzungsverbot vollbesetzter Elektronenzustände näherungsweise durch Besetzungsverbotpotentiale ersetzen kann, die seitens der statistischen Theorie des Atoms begründet wurden. Im folgenden soll gezeigt werden, daß man diese Besetzungsverbotpotentiale auch von der Wellenmechanik

---

[1] Diesbezügliche Rechnungen wurden in meinem Institut durchgeführt und sind zum Teil noch im Gange.

her begründen und für diese wellenmechanische Ausdrücke herleiten kann, die die Form von nicht-lokalen Potentialen oder Operatoren haben. Diese wellenmechanisch begründeten Besetzungsverbotpotentiale beziehen sich nicht nur, wie die statistischen, auf eine große Anzahl von Zuständen, sondern können auch auf einen einzelnen Zustand bezogen werden. Für eine große Anzahl von Zuständen gehen die wellenmechanischen Besetzungsverbotpotentiale in die entsprechenden statistischen über.

§ 17. Die Besetzungsverbotoperatoren Φ_{nl} und Φ_n

Mit den statistischen Besetzungsverbotpotentialen haben wir uns im vorangehenden Kapitel befaßt. Es wurde dort gezeigt, daß man statt der Lösung der Grundgleichungen des self-consistent field zu einer sehr guten Näherungslösung gelangt, wenn man mit Hilfe des statistischen Pseudopotentials G_l in den einzelnen Schalen (K-, L-, M-, ... Schalen) des Atoms die radialen Eigenfunktionen f_1, f_2, f_3, ... vom SLATERschen Typ bestimmt (die in einer Schale für verschiedene Werte der Nebenquantenzahl l als gleich vorausgesetzt wurden) und diese Eigenfunktionen dann mit dem SCHMIDTschen Verfahren orthogonalisiert. Auf diese Weise erhält man die orthogonalen radialen Eigenfunktionen φ_{nl}, die die exakten Eigenfunktionen des self-consistent field ausgezeichnet approximieren. Für φ_{nl} hat man nach (16,39) den Ausdruck

$$\varphi_{nl} = C_{nl}\left[f_{nl} - \sum_{n'=l+1}^{n-1} (\varphi_{n'l}, f_{nl})\, \varphi_{n'l}\right], \tag{17,1}$$

wo wir statt der Funktion f_n hier f_{nl} geschrieben haben, um anzudeuten, daß sich die in (17,1) stehende Funktion f_n auf den Zustand mit der Nebenquantenzahl l bezieht, was sich im folgenden als wichtig erweist.

Die orthogonalen radialen Eigenfunktionen φ_{nl} sind, wie dies im § 16 gezeigt wurde, sehr gute Näherungslösungen der FOCKschen Gleichungen. Es gilt daher in guter Näherung

$$\mathbf{H}_l \varphi_{nl} = \varepsilon_{nl} \varphi_{nl}. \tag{17,2}$$
$(n = l+1, l+2, \ldots;\ l = 0, 1, 2, \ldots)$

ε_{nl} bezeichnet den Energieeigenwert und $\mathbf{H}_l$ den nach FOCK erweiterten radialen HAMILTON-Operator

$$\mathbf{H}_l = -\frac{h^2}{8\pi^2 m}\frac{d^2}{dr^2} - (V_k + V_e + V_a)\, e + \frac{h^2}{8\pi^2 m}\frac{l(l+1)}{r^2}, \tag{17,3}$$

wo V_k das Potential des Kerns, V_e das Potential der Elektronen des Atoms und V_a das Austauschpotential (1,29) bedeuten.

Durch Einsetzen von (17,1) in (17,2) erhält man für die nicht-orthogonalen Eigenfunktionen die Gleichungen[1]

---

[1] P. GOMBÁS und D. KISDI, Theoretica Chimica Acta (Berl.) **5**, 127, 1966.

§ 17. Die Besetzungsverbotoperatoren Φ_{nl} und Φ_n

$$\mathbf{H}_l f(r) + \int_0^\infty \Phi_{nl}(r, r') f(r') \, dr' = \varepsilon f(r), \qquad (17,4)$$
$$(n = l+1, l+2, \ldots; \; l = 0, 1, 2, \ldots)$$

wo Φ_{nl} folgenden Operator bedeutet

$$\Phi_{nl}(r, r') = \sum_{n'=l+1}^{n-1} (\varepsilon - \varepsilon_{n'l}) \, \varphi_{n'l}(r) \, \varphi_{n'l}^*(r'), \qquad (17,5)$$

den man als ein nicht-lokales Potential betrachten kann. Hier ist zu bemerken, daß wir die Energie des Bezugselektrons mit ε bezeichnet haben und in der Summe nur diejenigen Zustände vorkommen, bei denen die Spins zum Spin des Bezugselektrons parallel sind. In den Gleichungen (17,4) für die nicht-orthogonalen radialen Eigenfunktionen f_{nl} wird also die Orthogonalisierung auf die radialen Eigenfunktionen der energetisch tiefer liegenden Zustände mit derselben Nebenquantenzahl l, d. h. das PAULIsche Besetzungsverbot der Elektronenzustände mit der Nebenquantenzahl l vom tiefsten Niveau bis einschließlich zum Niveau $\varepsilon_{n-1,l}$ durch das zweite Glied auf der linken Seite, d. h. durch den Operator Φ_{nl} ersetzt. Das im vorangehenden Kapitel benutzte Pseudopotential G_l ist, abgesehen vom Vorzeichen und einem Dimensionsfaktor, das statistische Analogon des auf wellenmechanischem Wege hergeleiteten Operators Φ_{nl}.

Der Operator Φ_{nl} wurde auf andere Weise schon bedeutend früher von mehreren anderen Autoren hergeleitet. Die ersten Ansätze zu diesem Operator sind bei FÉNYES[1] (1943, 1945) zu finden. Der Operator in einer komplizierteren Form wurde erstmalig von SZÉPFALUSY[2] (1955) angegeben. In 1959, also bedeutend später, wurde dann dieser Operator von PHILLIPS und KLEINMAN[3] sowie von ANTONČIK[4] ebenfalls hergeleitet. Im Anschluß hieran haben dann diesen Operator weitere Autoren[5] eingehend untersucht.

Unserer Ansicht nach dürfte der im vorangehenden Paragraphen fußende hier eingeschlagene Weg zur Gewinnung dieses Operators vielleicht der einfachste und natürlichste sein; er gibt zugleich über die Güte der Näherung einen Aufschluß, die man bei der Berechnung von Atomeigenfunktionen und Energien mit diesem Operator erzielen kann.

---

[1] I. FÉNYES, Csillagászati Lapok, Budapest **6**, 49, 1943; Muzeumi Füzetek, Kolozsvár **3**, 14, 1945.

[2] P. SZÉPFALUSY, Acta Phys. Hung. **5**, 325, 1955; **6**, 273, 1956.

[3] J. C. PHILLIPS und L. KLEINMAN, Phys. Rev. **116**, 287, 1959, man vgl. auch die anschließenden Arbeiten L. KLEINMAN und J. C. PHILLIPS, Phys. Rev. **116**, 880, 1959; **117**, 460, 1960, und **118**, 1153, 1960.

[4] E. ANTONČIK, Journ. Phys. Chem. Solids **10**, 314, 1959.

[5] M. H. COHEN und V. HEINE, Phys. Rev. **122**, 1821, 1961; M. H. COHEN und J. C. PHILLIPS, Phys. Rev. **124**, 1818, 1961; B. J. AUSTIN, V. HEINE und L. J. SHAM, Phys. Rev. **127**, 276, 1962.

Dem zweiten Glied auf der linken Seite in (17,4), das die Orthogonalisierung der Eigenfunktionen ersetzt, kann man durch triviale Umformungen eine andere Form geben[1], die etwa der des SLATERschen mittleren Austauschpotentials entspricht. Hierzu führen wir die radiale Dichtematrix

$$D(r, r') = \sum_{n'=l+1}^{n-1} \varphi_{n'l}(r) \varphi_{n'l}^*(r') \qquad (17,6)$$

für diejenigen besetzten Elektronenzustände $n' < n$ mit der Nebenquantenzahl l ein, deren Spinrichtung mit der des Bezugselektrons parallel ist, weiterhin führen wir die analog konstruierte Funktion für den in Betracht gezogenen Elektronenzustand jedoch mit der nicht-orthogonalen f-Eigenfunktion

$$P(r, r') = f(r) f^*(r') \qquad (17,7)$$

ein. Mit dieser erhält man

$$\int_0^\infty \Phi_{nl}(r, r') f(r') dr' = Q_{nl}(r) f(r), \qquad (17,8)$$

wo

$$Q_{nl}(r) = \int_0^\infty \frac{P(r', r) \Phi_{nl}(r, r')}{P(r, r)} dr' = \int_0^\infty \frac{P(r', r) (\varepsilon - \mathbf{H}_l) D(r, r')}{P(r, r)} dr' \qquad (17,9)$$

ist. Mit dem Operator Q_{nl} kann man die Gleichung (17,4) in der Form

$$(\mathbf{H}_l + Q_{nl}) f = \varepsilon f \qquad (17,10)$$

schreiben, wo der Operator Q_{nl} der Orthogonalisierung der Eigenfunktionen bzw. dem PAULIschen Besetzungsverbot Rechnung trägt.

Wir haben hier von Anfang an von den Eigenfunktionen den winkelabhängigen Teil abgespalten, d. h. nur das von der Entfernung r vom Kern abhängige Problem behandelt, in welchem die Elektronenzustände durch die beiden Quantenzahlen n, l beschrieben werden. Dementsprechend repräsentiert der Operator Φ_{nl} bzw. Q_{nl} das Besetzungsverbot derjenigen Elektronenzustände des Atoms mit der Nebenquantenzahl l, die energetisch tiefer liegen als der Zustand n, l.

Man kann diesen Operator verallgemeinern, indem man einen Operator Φ_n einführt[1], der das Besetzungsverbot aller Zustände des Atoms mit beliebigem l und vorgegebenem Spin repräsentiert, die tiefer liegen als ein vorgegebener Quantenzustand n, l. Dies kann ganz einfach in der Weise geschehen, daß man in (17,5) statt der radialen Eigenfunktionen $\varphi_{nl}(r)$ der Elektronenzustände nun die auch von den Polarwinkeln ϑ und ω abhängigen vollständigen auf 1 normierten Eigenfunktionen

---

[1] P. GOMBÁS und D. KISDI, Theoretica Chimica Acta (Berl.) **5**, 127, 1966.

§ 17. Die Besetzungsverbotoperatoren Φ_{nl} und Φ_n

$$\psi_{nlm}(\mathfrak{r}) = \frac{1}{r}\varphi_{nl}(r) Y_{lm}(\vartheta, \omega) \tag{17,11}$$

einführt, wo m in üblicher Weise die magnetische Quantenzahl bezeichnet und die Summe (17,5) auf alle besetzten Zustände des Atoms (mit vorgegebenem Spin), die tiefer liegen als der vorgegebene Zustand des Bezugselektrons, auszudehnen ist. Die Energie ist von m unabhängig, wir können also für die Energieniveaus die Bezeichnung ε_{nl} beibehalten. Wenn wir die Energie des Bezugselektrons wieder mit ε bezeichnen, so hat man also

$$\Phi_n(\mathfrak{r}, \mathfrak{r}') = \sum_{n'=l+1}^{n-1} \sum_l \sum_{m=-l}^{l} (\varepsilon - \varepsilon_{n'l}) \psi_{n'lm}(\mathfrak{r}) \psi^*_{n'lm}(\mathfrak{r}') = \tag{17,12}$$

$$= \sum_{n'=l+1}^{n-1} \sum_l \sum_{m=-l}^{l} (\varepsilon - \varepsilon_{n'l}) \frac{1}{r r'}\varphi_{n'l}(r)\varphi^*_{n'l}(r') Y_{lm}(\vartheta, \omega) Y^*_{lm}(\vartheta', \omega');$$

die Summen sind auf alle besetzten Zustände $n' < n$ des Atoms auszudehnen, deren Spinrichtung mit der des Bezugselektrons gleich ist. Mit Rücksicht auf (17,5) erhält man

$$\Phi_n(\mathfrak{r}, \mathfrak{r}') = \sum_l \frac{1}{r r'} \Phi_{nl}(r, r') \sum_{m=-l}^{l} Y_{lm}(\vartheta, \omega) Y^*_{lm}(\vartheta', \omega') = \tag{17,13}$$

$$= \frac{1}{4\pi r r'} \sum_l (2l+1) P_l(\cos\alpha) \Phi_{nl}(r, r'),$$

wo P_l die LEGENDREsche Kugelfunktion (Kugelfunktion l-ter Ordnung) ist und α den Winkel zwischen $\mathfrak{r}$ und $\mathfrak{r}'$ bedeutet.

Die Eigenfunktionen $\psi_{nlm}(\mathfrak{r})$ sind Lösungen der FOCKschen Gleichungen

$$\mathbf{H}_F \psi_{nlm} = \left[-\frac{h^2}{8\pi^2 m}\Delta - (V_k + V_e + V_a)e\right]\psi_{nlm} = \varepsilon_{nl}\psi_{nlm}. \tag{17,14}$$

$(n = l+1, l+2, \ldots; \; l = 0, 1, 2, \ldots; \; m = -l, \ldots, -1, 0, +1, \ldots, +l)$

Die Orthogonalitätsforderung der Eigenfunktion eines Elektrons auf die energetisch tiefer liegenden Zustände als der Zustand n, l, m, d. h. das PAULIsche Besetzungsverbot dieser Elektronenzustände, kann man bei der Bestimmung der Eigenfunktion und des Energieeigenwertes des Elektrons dadurch in Betracht ziehen, daß man statt der Gleichung (17,14) von folgender Gleichung

$$\mathbf{H}_F \psi + \int \Phi_n(\mathfrak{r}, \mathfrak{r}') \psi(\mathfrak{r}') dv' = \varepsilon \psi \tag{17,15}$$

ausgeht.

Wenn wir dem Elektron einen Zustand mit der Nebenquantenzahl l vorschreiben, also

$$\psi(\mathfrak{r}) = \frac{1}{r}\varphi(r) Y_{lm}(\vartheta, \omega) \tag{17,16}$$

setzen, so folgt aus der ersten Form von Φ_n in (17,13), daß für solch einen

Zustand des Elektrons zufolge der Orthogonalität der Kugelflächenfunktionen nur der Anteil Φ_{nl} des Operators Φ_n wirksam ist, wie dies auch sein soll.

Wir können nun noch den zu $Q_{nl}(r)$ analogen Operator $Q_n(\mathfrak{r})$ folgendermaßen einführen[1]

$$\int \Phi_n(\mathfrak{r}, \mathfrak{r}') \psi(\mathfrak{r}') \, dv' = Q_n(\mathfrak{r}) \psi(\mathfrak{r}), \qquad (17,17)$$

wo

$$Q_n(\mathfrak{r}) = \int \frac{\nu(\mathfrak{r}', \mathfrak{r}) \Phi_n(\mathfrak{r}, \mathfrak{r}')}{\nu(\mathfrak{r}, \mathfrak{r})} \, dv' = \int \frac{\nu(\mathfrak{r}', \mathfrak{r})(\varepsilon - \mathbf{H}_F) \varrho(\mathfrak{r}, \mathfrak{r}')}{\nu(\mathfrak{r}, \mathfrak{r})} \, dv' \qquad (17,18)$$

ist und

$$\varrho(\mathfrak{r}, \mathfrak{r}') = \sum_{n'=l+1}^{n-1} \sum_{l} \sum_{m=-l}^{l} \psi_{n'lm}(\mathfrak{r}) \psi_{n'lm}^*(\mathfrak{r}') \qquad (17,19)$$

die Dichtematrix derjenigen besetzten Zustände $n' < n$ bedeutet, deren Spins zu dem des Bezugselektrons parallel sind. $\nu(\mathfrak{r}, \mathfrak{r}')$ bezeichnet den mit der nicht-orthogonalen Eigenfunktion ψ konstruierten folgenden Ausdruck

$$\nu(\mathfrak{r}, \mathfrak{r}') = \psi(\mathfrak{r}) \psi^*(\mathfrak{r}'). \qquad (17,20)$$

Mit dem Operator Q_n läßt sich die Gleichung (17,15) in der Form

$$(\mathbf{H}_F + Q_n) \psi = \varepsilon \psi \qquad (17,21)$$

schreiben.

§ 18. Zusammenhang zwischen den Besetzungsverbotoperatoren und den statistischen Besetzungsverbotpotentialen

1. *Allgemeines.* Wir wollen nun zeigen, daß man für den Fall von freien Elektronen bei großen Elektronenzahlen und Elektronendichten aus den Operatoren Q_n und Q_{nl} die statistischen Pseudopotentiale F_0 bzw. G_l erhält[1]. Hierzu nehmen wir an, daß sich im kräftefreien Volumen Ω N Elektronen befinden. Das konstante Potential in Ω setzen wir gleich Null. Wir beziehen uns auf den absoluten Nullpunkt der Temperatur, d. h. wir nehmen an, daß sich das Elektronengas im Grundzustand befindet, in welchem die $n = N/2$ Bahnzustände doppelt besetzt sind. Unser Elektronengas besteht also aus zwei Elektronenschwärmen, die sich nur in der Spinrichtung der Elektronen unterscheiden. Die Bahnzustände werden dann durch die Eigenfunktionen

$$\psi_j = \frac{1}{\sqrt{\Omega}} e^{\frac{2\pi i}{h}(\mathfrak{p}_j, \mathfrak{r})} = \frac{1}{\sqrt{\Omega}} e^{i(\mathfrak{k}_j, \mathfrak{r})} \qquad (18,1)$$

$$(j = 1, 2, \ldots, n)$$

---

[1] P. Gombás und D. Kisdi, Theoretica Chimica Acta (Berl.) **5**, 127, 1966.

§ 18. Zusammenhang zwischen den Besetzungsverbot-Operatoren u. -Potentialen

beschrieben, wo $\mathfrak{p}_j$ den Impuls und $\mathfrak{k}_j = (2\pi/h)\,\mathfrak{p}_j$ den Ausbreitungsvektor des Elektrons im j-ten Zustand bezeichnen. Den Zustand des Elektrons definiert also der Impulsvektor bzw. der Ausbreitungsvektor[1].

Im Grundzustand werden alle Zustände vom kleinsten Impuls vom Betrag $p = 0$ bis zum maximalen Impuls vom Betrag p_μ von zwei Elektronen mit entgegengesetzter Spinrichtung besetzt. Bei der im folgenden zugrunde gelegten statistischen Betrachtungsweise wird die Summierung über die Quantenzustände durch eine Integration über p bzw. über $\mathfrak{k}$ von $|\mathfrak{k}| = k = 0$ bis $k_\mu = (2\pi/h)\,p_\mu$ ersetzt.

2. *Zusammenhang zwischen Q_n und F_0.* Wir wollen zunächst die Operatoren Φ_n und Q_n (an denen wir im folgenden den Index n weglassen können) mit den Eigenfunktionen (18,1) berechnen und zeigen, daß $-Q/e$ für große Elektronendichten in das statistische Pseudopotential F_0 übergeht[2]. Mit Rücksicht darauf, daß die Energie ε_j des Elektrons im Zustand $\mathfrak{k}_j$ durch den Ausdruck

$$\varepsilon_j = \frac{h^2}{8\pi^2 m}\,k_j^2 \tag{18,2}$$

dargestellt wird und die Energie ε des Bezugselektrons mit der maximalen Energie der Elektronen

$$\varepsilon_\mu = \frac{p_\mu^2}{2m} = \frac{h^2}{8\pi^2 m}\,k_\mu^2 \tag{18,3}$$

gleichzusetzen ist, hat man

$$\Phi(\mathfrak{r},\mathfrak{r}') = \frac{\varepsilon_\mu}{(2\pi)^3}\int\limits_{|\mathfrak{k}|\leq k_\mu} e^{i(\mathfrak{k},\mathfrak{r}-\mathfrak{r}')}\,d\mathfrak{k} - \frac{\varepsilon_\mu}{(2\pi)^3}\,\frac{1}{k_\mu^2}\int\limits_{|\mathfrak{k}|\leq k_\mu} k^2\,e^{i(\mathfrak{k},\mathfrak{r}-\mathfrak{r}')}\,d\mathfrak{k}, \tag{18,4}$$

wo $d\mathfrak{k}$ das Volumenelement im $\mathfrak{k}$-Raum bezeichnet.

Die Integration über $\mathfrak{k}$ läßt sich in der bekannten Weise durchführen (man vgl. S. 19 u. 20), wenn man im $\mathfrak{k}$-Raum die räumlichen Polarkoordinaten k, ϑ und φ einführt, wo ϑ den Winkel zwischen $\mathfrak{k}$ und $\mathfrak{r}-\mathfrak{r}'$ bezeichnet und das Azimut φ in der zu $\mathfrak{r}-\mathfrak{r}'$ senkrechten Ebene in üblicher Weise definiert ist. Man erhält nach einfacher Rechnung

$$\Phi(\mathfrak{r},\mathfrak{r}') = \varepsilon_\mu\,\frac{k_\mu^3}{6\pi^2}\,S(k_\mu|\mathfrak{r}-\mathfrak{r}'|), \tag{18,5}$$

wo

$$S(\zeta) = \frac{18}{\zeta^5}\left(\sin\zeta - \zeta\cos\zeta - \frac{1}{3}\zeta^2\sin\zeta\right) \tag{18,6}$$

und

$$\zeta = k_\mu|\mathfrak{r}-\mathfrak{r}'| \tag{18,7}$$

---

[1] Bezüglich der Randbedingungen, die diese Eigenfunktionen zu erfüllen haben, vgl. man das auf S. 18 u. 19 Gesagte.

[2] P. GOMBÁS und D. KISDI, Theoretica Chimica Acta (Berl.) **5**, 127, 1966.

ist. Da in unserem Fall k_μ und ε_μ ortsabhängig sind, ist es belanglos, ob man diese Größen auf den Ort $\mathfrak{r}$ oder $\mathfrak{r}'$ bezieht.

Für $k_\mu \to \infty$ hat man

$$S(k_\mu |\mathfrak{r}-\mathfrak{r}'|) = \frac{6\pi^2}{k_\mu^3} \delta(\mathfrak{r}-\mathfrak{r}'), \tag{18,8}$$

wie dies aus der Definition der δ-Funktion unmittelbar zu sehen ist, denn erstens ergibt sich für $\mathfrak{r}' \neq \mathfrak{r}$

$$\lim_{k_\mu=\infty} S(k_\mu |\mathfrak{r}-\mathfrak{r}'|) = \lim_{\zeta=\infty} S(\zeta) = 0, \tag{18,9}$$

und zweitens ist

$$\int S(k_\mu |\mathfrak{r}-\mathfrak{r}'|)\, dv' = \frac{1}{k_\mu^3} \int_0^\infty S(\zeta)\, 4\pi \zeta^2\, d\zeta = \frac{6\pi^2}{k_\mu^3}. \tag{18,10}$$

Mit (18,8) folgt aus (18,5) für $k_\mu \to \infty$

$$\Phi(\mathfrak{r},\mathfrak{r}') = \varepsilon_\mu \delta(\mathfrak{r}-\mathfrak{r}') \tag{18,11}$$

und somit für Q

$$Q = \varepsilon_\mu \int \frac{\nu(\mathfrak{r}',\mathfrak{r})}{\nu(\mathfrak{r},\mathfrak{r})} \delta(\mathfrak{r}-\mathfrak{r}')\, dv' = \varepsilon_\mu = \frac{h^2}{8\pi^2 m} k_\mu^2; \tag{18,12}$$

Q ist also mit ε_μ identisch.

Um den Ausdruck (12,7) für F_0 herzuleiten, müssen wir noch auf Grund der vorliegenden Betrachtungen, d. h. ohne Zuhilfenahme der im § 2.1 entwickelten statistischen Methoden, den Zusammenhang zwischen k_μ und ϱ feststellen[1]. Dies haben wir im § 2.2 schon getan. Nach dem dort erhaltenen Resultat (2,39) ist

$$k_\mu = (6\pi^2 \varrho_\sigma)^{1/3} = (3\pi^2 \varrho)^{1/3}. \tag{18,13}$$

Mit dieser Beziehung folgt aus (18,12)

$$Q = -eF_0 = \tfrac{1}{2}(3\pi^2)^{2/3} e^2 a_0 \varrho^{2/3}, \tag{18,14}$$

also für F_0 der Ausdruck (12,7). Das in (12,6) enthaltene Korrektionsglied im Ausdruck von F_0 kann die hier gegebene Herleitung von F_0 naturgemäß nicht wiedergeben.

3. *Zusammenhang zwischen Q_{nl} und G_l.* Wir wollen nun auch den Operator Φ_{nl} und dann Q_{nl} mit den Eigenfunktionen (18,1) berechnen und zeigen, daß für große Elektronendichten $-Q_{nl}/e$, abgesehen von kleinen Korrektions-

---

[1] Wir wollen diesen von der statistischen Theorie des Elektronengases her bekannten Zusammenhang nicht von dort übernehmen, sondern auf Grund der hier gegebenen, in der Wellenmechanik fußenden Betrachtungsweise herleiten.

§ 18. Zusammenhang zwischen den Besetzungsverbot-Operatoren u. -Potentialen 115

gliedern, mit dem Pseudopotential G_l identisch ist (von Φ_{nl} und Q_{nl} können wir im folgenden den Index n weglassen)[1]. Zur Berechnung von Φ_l entwickeln wir die Eigenfunktionen (18,1) in der bekannten Weise[2] nach BESSELschen Funktionen $J_{l+\frac{1}{2}}$ und Kugelflächenfunktionen Y_{lm} in eine Reihe. Man hat

$$e^{i(\mathfrak{k},\mathfrak{r})} = (2\pi)^{3/2} \sum_{l=0}^{\infty} \sum_{m=-l}^{l} i^l \frac{1}{(kr)^{1/2}} J_{l+\frac{1}{2}}(kr) Y_{lm}^*(\mathfrak{r}) Y_{lm}(\mathfrak{k}), \qquad (18,15)$$

wo im Argument der Kugelflächenfunktionen $\mathfrak{r}$ und $\mathfrak{k}$ zur Abkürzung statt der Polarwinkeln dieser Vektoren stehen.

Es ist zweckmäßig, statt Φ_l zunächst den Operator Φ zu berechnen. Wir setzen also den Ausdruck (18,15) und einen ganz ähnlichen für $e^{-i(\mathfrak{k},\mathfrak{r}')}$ in (18,4) ein und erhalten mit Rücksicht auf die Orthogonalitätsrelationen der Kugelflächenfunktionen

$$\Phi(\mathfrak{r},\mathfrak{r}') = \frac{1}{4\pi r r'} \sum_{l=0}^{\infty} (2l+1) P_l(\cos\alpha) \left\{ (rr')^{1/2} \varepsilon_\mu \int_0^{k_\mu} J_{l+\frac{1}{2}}(kr) J_{l+\frac{1}{2}}(kr') k\, dk - \right.$$
$$\left. - (rr')^{1/2} \frac{\varepsilon_\mu}{k_\mu^2} \int_0^{k_\mu} J_{l+\frac{1}{2}}(kr) J_{l+\frac{1}{2}}(kr') k^3 dk \right\}; \qquad (18,16)$$

$P_l(\cos\alpha)$ hat dieselbe Bedeutung wie im § 17 auf S. 111. Φ zerfällt also in eine Summe nach l, in deren l-tem Glied man den Ausdruck in der Klammer $\{\ldots\}$ mit dem Operator Φ_{nl} identifizieren kann, den wir hier (wie gesagt) mit Φ_l bezeichnen. Man hat also mit Rücksicht auf die Beziehung $\varepsilon_\mu = [h^2/(8\pi^2 m)] k_\mu^2$

$$\Phi_l(r,r') = (rr')^{1/2} \left\{ \varepsilon_\mu \int_0^{k_\mu} J_{l+\frac{1}{2}}(kr) J_{l+\frac{1}{2}}(kr') k\, dk - \right.$$
$$\left. - \frac{h^2}{8\pi^2 m} \int_0^{k_\mu} J_{l+\frac{1}{2}}(kr) J_{l+\frac{1}{2}}(kr') k^3 dk \right\} \qquad (18,17)$$

und

$$\Phi(\mathfrak{r},\mathfrak{r}') = \frac{1}{4\pi r r'} \sum_{l=0}^{\infty} (2l+1) P_l(\cos\alpha) \Phi_l(r,r') \qquad (18,18)$$

in Übereinstimmung mit (17,13).

Wir wollen nun untersuchen, wie sich Φ_l für große Elektronenzahlen und große Elektronendichten gestaltet. Es ist dann l groß, da die Anzahl

---

[1] P. GOMBÁS und D. KISDI, Theoretica Chimica Acta (Berl.) 5, 127, 1966.
[2] Man vgl. z. B. A. AHIEZER und V. BERESTECKIJ, Kvantovaja Elektrodinamika, S. 37, Fizmat, Moskau, 1959.

der Elektronenzustände bei vorgegebenem l $2(2l+1)$ beträgt, und weiterhin ist k_μ groß, da k_μ nach (18,13) zu $\varrho^{1/3}$ proportional ist. Wir wollen nun für diesen Fall auf der rechten Seite von (18,17) das zweite Integral auf das erste zurückführen, das sich für sehr große Dichten auswerten läßt. Hierzu gehen wir von dem für die BESSEL-Funktionen bestehenden Zusammenhang[1]

$$J_{l-\frac{1}{2}}(kr) + J_{l+\frac{3}{2}}(kr) = \frac{2(l+\frac{1}{2})}{kr} J_{l+\frac{1}{2}}(kr) \tag{18,19}$$

aus. Wenn wir diesen auch für das Argument kr' hinschreiben und dann die beiden Gleichungen miteinander und mit k^3 multiplizieren und nachher beide Seiten nach k von $k=0$ bis $k=k_\mu$ integrieren, so ergibt sich

$$\int_0^{k_\mu} J_{l-\frac{1}{2}}(kr) J_{l-\frac{1}{2}}(kr') k^3 dk + \int_0^{k_\mu} J_{l-\frac{1}{2}}(kr) J_{l+\frac{3}{2}}(kr') k^3 dk +$$

$$+ \int_0^{k_\mu} J_{l+\frac{3}{2}}(kr) J_{l-\frac{1}{2}}(kr') k^3 dk + \int_0^{k_\mu} J_{l+\frac{3}{2}}(kr) J_{l+\frac{3}{2}}(kr') k^3 dk = \tag{18,20}$$

$$= \frac{4(l+\frac{1}{2})^2}{rr'} \int_0^{k_\mu} J_{l+\frac{1}{2}}(kr) J_{l+\frac{1}{2}}(kr') k \, dk.$$

Wenn wir nun für sehr große l-Werte die auf der linken Seite in den Integranden stehenden Produkte in allen vier Integralen durch $J_{l+\frac{1}{2}}(kr) J_{l+\frac{1}{2}}(kr')$ ersetzen, was einer Gleichsetzung der auf der linken Seite stehenden Indizes der vier BESSEL-Funktionen-Produkte mit ihrem Mittelwert $l+\frac{1}{2}$, $l+\frac{1}{2}$ gleichbedeutend ist, so folgt für große l-Werte

$$\int_0^{k_\mu} J_{l+\frac{1}{2}}(kr) J_{l+\frac{1}{2}}(kr') k^3 dk = \frac{(l+\frac{1}{2})^2}{rr'} \int_0^{k_\mu} J_{l+\frac{1}{2}}(kr) J_{l+\frac{1}{2}}(kr') k \, dk. \tag{18,21}$$

Mit Hilfe dieser Beziehung erhält man aus (18,17) für sehr große l-Werte

$$\Phi_l(r,r') = (rr')^{1/2} \left[\varepsilon_\mu - \frac{h^2}{8\pi^2 m} \frac{(l+\frac{1}{2})^2}{rr'} \right] \int_0^{k_\mu} J_{l+\frac{1}{2}}(kr) J_{l+\frac{1}{2}}(kr') k \, dk. \tag{18,22}$$

Für $\varrho \to \infty$, d. h. für $k_\mu \to \infty$, besteht der Zusammenhang[2]

$$\int_0^{k_\mu} J_{l+\frac{1}{2}}(kr) J_{l+\frac{1}{2}}(kr') k \, dk = \frac{1}{(rr')^{1/2}} \delta(r-r'). \tag{18,23}$$

---

[1] Man vgl. z. B. E. JAHNKE und F. EMDE, Funktionentafeln mit Formeln und Kurven, S. 165, Teubner, Leipzig und Berlin, 1909.
[2] D. IVANENKO und A. SOKOLOV, Klassische Feldtheorie, S. 12, Akademie-Verlag, Berlin, 1953.

§ 18. Zusammenhang zwischen den Besetzungsverbot-Operatoren u. -Potentialen

Mit diesem ergibt sich für sehr große Dichten aus (18,22)

$$\Phi_l(r, r') = \left[\varepsilon_\mu - \frac{h^2}{8\pi^2 m} \frac{(l+\frac{1}{2})^2}{r r'}\right] \delta(r-r') \tag{18,24}$$

und somit

$$Q_l = \int_0^\infty \frac{P(r', r)}{P(r, r)} \left[\varepsilon_\mu - \frac{h^2}{8\pi^2 m} \frac{(l+\frac{1}{2})^2}{r r'}\right] \delta(r-r')\, dr' = \varepsilon_\mu - \frac{h^2}{8\pi^2 m} \frac{(l+\frac{1}{2})^2}{r^2}. \tag{18,25}$$

Da ε_μ die maximale kinetische Energie eines Elektrons bezeichnet und das zweite Glied auf der rechten Seite in dieser halbklassischen Näherung der azimutale Anteil der kinetischen Energie eines Elektrons mit der Nebenquantenzahl l ist, folgt, daß Q_l die maximale radiale kinetische Energie eines Elektrons mit der Nebenquantenzahl l darstellt, wie dies auch sein soll. Es ist also

$$Q_l = \frac{p^2_{r\mu}}{2m}, \tag{18,26}$$

wo $p_{r\mu}$ den maximalen radialen Impuls eines Elektrons mit der Nebenquantenzahl l bezeichnet.

Zur Herleitung des Ausdruckes (11,9) für $-Q_l/e$ müssen wir noch den Zusammenhang zwischen $p_{r\mu}$ und D_l auf Grund der hier gegebenen Grundlagen, also ohne Zuhilfenahme des im § 2.1 mit Hilfe elementarer Betrachtungen gewonnenen Resultates, herleiten. Dies wurde im § 2.2 schon durchgeführt, wobei sich nach (2,62) die Beziehung

$$p_{r\mu} = \frac{h}{4(2l+1)} D_l \tag{18,27}$$

ergab. Mit dieser folgt aus (18,26) für Q_l der Ausdruck

$$Q_l = -e\, G_l = \frac{\pi^2}{8(2l+1)^2} e^2 a_0 D_l^2. \tag{18,28}$$

Hieraus ergibt sich für G_l ein Ausdruck, der bis auf das azimutale Restglied $e a_0/(8 r^2)$ mit dem Ausdruck (11,9) übereinstimmt. Das azimutale Restglied ist im Verhältnis zum Hauptglied für große Dichten und große l-Werte von höherer Ordnung klein und kann durch die hier gegebene Herleitung nicht wiedergegeben werden. Ebenso kann auch das in den genaueren Ausdruck (11,8) eingehende weitere Korrektionsglied durch unsere hier gegebene Herleitung nicht erfaßt werden[1].

---

[1] Mit dieser Herleitung des Pseudopotentials G_l wird zugleich die Behauptung von PHILLIPS und KLEINMAN (Phys. Rev. **116**, 287, 1959) widerlegt, wonach die Dichteabhängigkeit (Proportionalität zu D_l^2) von G_l im Widerspruch zum wellenmechanischen Besetzungsverbotoperator stehe. PHILLIPS und KLEINMAN vergleichen G_l mit dem Operator $-\Phi_{nl}/e$, was unrichtig ist, da G_l nicht diesem Operator, sondern dem Operator $-Q_{nl}/e$ entspricht.

§ 19. Verallgemeinerung der Pseudopotentiale

Der Ausdruck (17,5) für Φ_{nl} ist nicht die einzige Form des Pseudopotentials. Daß für die Pseudopotentiale mehrere gleichwertige Ausdrücke existieren müssen, ist schon daraus ersichtlich, daß man die Orthogonalisierung der Eigenfunktionen $f_1, f_2, \ldots$ auf verschiedene Weise durchführen kann und dementsprechend zu verschiedenen Ausdrücken für Φ_{nl} gelangt.

Für die Pseudopotentiale läßt sich ein allgemeiner Ausdruck herleiten[1], aus welchem hervorgeht, daß es unendlich viele Pseudopotentiale gibt, unter denen (17,5) ein bestimmtes darstellt. Zur Herleitung dieses Ausdruckes bezeichnen wir die Eigenfunktionen und die Energieeigenwerte des üblichen HAMILTON-Operators $\mathbf{H}_0$ für die Rumpfelektronenzustände mit ψ_c und ε_c und für die Valenzelektronenzustände mit ψ_v und ε_v, wo c und v jetzt zur Abkürzung der drei Quantenzahlen n, l, m stehen[2]. Das Pseudopotential bezeichnen wir mit Φ, das wir ganz allgemein folgendermaßen definieren

$$\Phi \chi = \sum_c (P_c, \chi) \psi_c, \qquad (19,1)$$

wo die P_c ganz beliebige Funktionen der Koordinaten bezeichnen. Für den Pseudo-HAMILTON-Operator $\mathbf{H}_p = \mathbf{H}_0 + \Phi$ bezeichnen wir die Eigenfunktionen und Eigenwerte der Rumpfelektronenzustände mit χ_c und η_c und die der Valenzelektronenzustände mit χ_v und η_v. Man hat also z. B. für einen Valenzelektronenzustand

$$\mathbf{H}_p \chi_v = (\mathbf{H}_0 + \Phi) \chi_v = \eta_v \chi_v. \qquad (19,2)$$

Wir wollen nun für den Zustand v die Eigenfunktion χ_v in der Weise bestimmen, daß wir vorschreiben, daß $\eta_v = \varepsilon_v$ sei. Hierzu entwickeln wir χ_v nach den Eigenfunktionen des Operators $\mathbf{H}_0$ in die folgende Reihe

$$\chi_v = \sum_c \alpha_c \psi_c + \sum_{v'} \alpha_{v'} \psi_{v'}. \qquad (19,3)$$

Nach Einsetzen dieses Ausdruckes in (19,2) erhält man mit Rücksicht auf (19,1) zur Bestimmung der Koeffizienten α_c und $\alpha_{v'}$ in (19,3) folgende Gleichung

$$\sum_c \sum_{c'} [(\varepsilon_c - \eta_v) \delta_{cc'} + (P_c, \psi_{c'})] \alpha_{c'} \psi_c + \sum_c (P_c, \psi_v) \alpha_v \psi_c + \\ + (\varepsilon_v - \eta_v) \alpha_v \psi_v + {\sum_{v'}}' (\varepsilon_{v'} - \eta_v) \alpha_{v'} \psi_{v'} + {\sum_{v'}}' \sum_c (P_c, \psi_{v'}) \alpha_{v'} \psi_c = 0, \qquad (19,4)$$

wo die Striche neben den $\sum$-Zeichen andeuten, daß die Summation auf

---
[1] B. J. AUSTIN, V. HEINE und L. J. SHAM, Phys. Rev. **127**, 276, 1962. Die oben gegebene Darstellung schließt sich eng an diese Arbeit an.
[2] Der Operator $\mathbf{H}_0$ kann hier sowohl den nach HARTREE als den nach FOCK erweiterten HAMILTON-Operator [man vgl. (1,11) bzw. (1,31)] bedeuten.

§ 19. Verallgemeinerung der Pseudopotentiale

$v' = v$ nicht auszudehnen ist. Auf der linken Seite muß der Koeffizient jeder ψ_n-Eigenfunktion verschwinden. Aus dem Verschwinden des Koeffizienten von ψ_v ergibt sich

$$\eta_v = \varepsilon_v, \qquad (19,5)$$

und aus dem Verschwinden des Koeffizienten von $\psi_{v'}$ folgt

$$\alpha_{v'} = 0. \qquad (19,6)$$

Wenn man $\alpha_v = 1$ setzt, hat man also

$$\chi_v = \psi_v + \sum_c \alpha_c \psi_c, \qquad (19,7)$$

wo die α_c aus dem Verschwinden der Koeffizienten der ψ_c in (19,4) bestimmt werden, das mit Rücksicht auf (19,5) für die α_c zu folgendem linearen Gleichungssystem führt

$$\sum_{c'} [(\varepsilon_c - \varepsilon_v)\, \delta_{cc'} + (P_c, \psi_{c'})]\, \alpha_{c'} = -(P_c, \psi_v). \qquad (19,8)$$

Man gelangt also zu dem Resultat, daß der Pseudo-HAMILTON-Operator $\mathbf{H}_p = \mathbf{H}_0 + \Phi$ für den Valenzelektronenzustand v denselben Energieeigenwert liefert wie der HAMILTON-Operator $\mathbf{H}_0$ und daß die Eigenfunktion dieses Zustandes durch (19,7) gegeben ist.

All dies gilt für beliebige Funktionen P_c in (19,1). Man kann nun für P_c konkrete Funktionen wählen. Für

$$P_c = (\varepsilon_v - \varepsilon_c)\, \psi_c \qquad (19,9)$$

ergibt sich aus (19,1) das Pseudopotential (17,5) bzw. (17,12).

Eine weitere naheliegende Wahl für P_c ist[1],

$$P_c = V e \psi_c, \qquad (19,10)$$

wo V das elektrostatische Potential des Rumpfes bezeichnet.

Die Funktionen P_c können prinzipiell beliebig gewählt werden. Für die praktische Durchführung, insbesondere für die Güte der erzielten Näherung, ist es jedoch wesentlich, wie man die P_c wählt. Dies möchten wir im Zusammenhang mit den Anwendungen des Verfahrens ganz besonders hervorheben.

Es sei noch erwähnt, daß das hier geschilderte Verfahren nicht nur zu Valenzelektronenniveaus sondern auch zu Rumpfelektronenniveaus führt. Für diese letzteren sind die Eigenfunktionen Linearkombinationen der Eigenfunktionen der Rumpfzustände des HAMILTON-Operators $\mathbf{H}_0$. Diese Rumpfelektronenniveaus haben im allgemeinen keine Bedeutung; sie spielen höchstens im Falle sehr schwach gebundener Valenzelektronen eine Rolle, wo man darauf achten muß, daß man mit dem Verfahren statt des Valenzelektronenzustandes nicht etwa einen dieser Zustände erfaßt.

---

[1] B. J. AUSTIN, V. HEINE und L. J. SHAM, Phys. Rev. **127**, 276, 1962. Man vgl. auch M. H. COHEN und V. HEINE, Phys. Rev. **122**, 1821, 1961.

§ 20. Anwendungen

Die Anwendungen der Besetzungsverbotoperatoren ist sehr ausgedehnt; wir verweisen diesbezüglich insbesondere auf die Zusammenfassung von ZIMAN[1], in der diese ausführlich behandelt werden. Wegen der Kompliziertheit der Ausdrücke der Besetzungsverbotoperatoren muß man sich im allgemeinen auf Näherungen beschränken.

Die Anwendung des Verfahrens läßt sich vereinfachen[2], wenn man von der Differentialgleichung (17,4) zum Energieausdruck übergeht und das Problem mit Hilfe des Variationsverfahrens löst. Dies kann folgendermaßen geschehen. Wir wählen in (17,4) für den Besetzungsverbotoperator den Ausdruck (17,5), multiplizieren die Gleichung (17,4) von links mit $f^*(r)$ und integrieren von $r=0$ bis $r=\infty$. Man erhält

$$\int_0^\infty f^*(r) \, \mathbf{H}_l \, f(r) \, dr + \sum_{n'} (\varepsilon - \varepsilon_{n'l}) |(\varphi_{n'l}, f)|^2 = \varepsilon. \qquad (20,1)$$

Hieraus folgt für ε der Ausdruck

$$\varepsilon = \int_0^\infty f^*(r) \, \mathbf{H}_l \, f(r) \, dr + $$
$$+ \frac{1}{1 - \sum_{n'} |(\varphi_{n'l}, f)|^2} \left[\sum_{n'} |(\varphi_{n'l}, f)|^2 \int_0^\infty f^*(r) \, \mathbf{H}_l \, f(r) \, dr - \qquad (20,2)$$
$$- \sum_{n'} \varepsilon_{n'l} |(\varphi_{n'l}, f)|^2 \right].$$

Das erste Glied auf der rechten Seite gibt die Energie, die der nichtorthogonalen Wellenfunktion f entspricht, das zweite Glied mit der eckigen Klammer resultiert vom Besetzungsverbotoperator Φ_{nl}.

Man kann nun für f einen Ansatz machen, der mehrere Variationsparameter enthält. Wenn man diesen in (20,2) einsetzt, so erhält man ε als Funktion dieser Variationsparameter, die dann aus der Minimumsforderung der Energie bestimmt werden.

Um die Genauigkeit dieses Variationsverfahrens zu prüfen und um es mit dem bedeutend einfacherem Verfahren zu vergleichen, in welchem statt dem Besetzungsverbotoperator Φ_{nl} bzw. Q_{nl} der viel einfachere Operator G_l zugrunde gelegt wird, haben wir das Variationsverfahren auf mehrere einfache Probleme angewendet[3].

---

[1] J. M. ZIMAN, Advances in Physics **13**, 89, 1964.
[2] P. GOMBÁS, unveröffentlichte Arbeit.
[3] Die nachstehenden Resultate sind die vorläufigen Ergebnisse dieser Anwendungen, die in meinem Institut noch im Gange sind.

§ 20. Anwendungen

Am einfachsten gestaltet sich die Anwendung des Verfahrens zur Berechnung von Energieniveaus und Eigenfunktionen freier Atome. In erster Näherung eignet sich für die Eigenfunktion f eines Elektrons in einem freien Atom der Ansatz (16,28)

$$f = A r^\varkappa e^{-\lambda r}, \qquad (20,3)$$

wo A eine Normierungskonstante bezeichnet und λ sowie eventuell auch $\varkappa$ als Variationsparameter zu betrachten sind. Im übrigen gestaltet sich dann die Berechnung der orthogonalen Eigenfunktionen aus den nicht-orthogonalen Eigenfunktionen f und die Berechnung der Energieniveaus ganz ähnlich wie im § 16. Als eine erste Näherung der Energie eines Elektronenzustandes kann man hier das Minimum der Energie (20,2) betrachten.

Auf diese Weise haben wir die Energie und die Eigenfunktion des $2s$- und $3s$-Zustandes für das Wasserstoffatom in erster Näherung berechnet. Für die Energie dieser Zustände, d. h. für das Minimum von (20,2) erhält man die in der Tabelle 3 angegebenen Werte, in welcher auch die mit dem statistischen Pseudopotential G_l berechneten Energien (man vgl. S. 86) und die empirischen Werte angeführt sind. Wie zu sehen ist, approximieren die mit der ersten Näherung berechneten Energien die empirischen ziemlich gut.

Tabelle 3. Die Energien einiger Zustände des Wasserstoffatoms in e^2/a_0-Einheiten.

	Mit Q_{nl} berechnet	Mit G_l berechnet	Empirisch
$2s$	$-0{,}1249$	$-0{,}1254$	$-0{,}12500$
$3s$	$-0{,}0562$	$-0{,}0534$	$-0{,}05555\ldots$
$4s$	—	$-0{,}0292$	$-0{,}03125$
$3p$	—	$-0{,}0560$	$-0{,}05555\ldots$

Wenn man die Eigenfunktionen vom Typ (20,3) ganz ähnlich wie im § 16 auf die Eigenfunktionen der tiefer liegenden Zustände mit derselben Nebenquantenzahl orthogonalisiert, so stimmen diese in den von uns behandelten beiden Fällen mit den exakten praktisch vollkommen überein. Wenn man mit diesen orthogonalen Eigenfunktionen die Energieeigenwerte neu berechnete, so würden die Resultate mit den empirischen voraussichtlich bedeutend besser übereinstimmen als die in der Tabelle 3 angegebenen Werte der ersten Näherung.

In der Tabelle 3 haben wir zum Vergleich auch die mit dem statistischen Pseudopotential G_l berechneten Energien einiger Zustände des Wasserstoffatoms angegeben (man vgl. S. 86). Aus diesem Vergleich ist zu sehen, daß die Energien, die man mit dem Pseudopotential G_l erhält, die empirischen fast ebensogut approximieren wie die Energien, die sich mit dem Besetzungsverbotoperator Q_{nl} ergeben. Dies zeigt, daß in diesem Fall das einfache statistische Pseudopotential G_l für den genaueren und bedeutend komplizierteren Besetzungsverbotoperator Q_{nl} einen sehr guten Ersatz darstellt.

Weiterhin haben wir das hier geschilderte Variationsverfahren zur Berechnung des $4s$-Zustandes des freien K-Atoms herangezogen. Für die Energie ergibt sich $-3{,}69$ e-Volt, während die empirische $-4{,}32$ e-Volt beträgt. Der große Unterschied zwischen dem berechneten und empirischen Wert ist darauf zurückzuführen, daß der berechnete Wert die Energie, die aus der Austausch- und Korrelationswechselwirkung des Valenzelektrons mit den Rumpfelektronen resultiert, und deren Größenordnung etwa $-0{,}7$ e-Volt beträgt, nicht enthält. Mit Berücksichtigung dieser Energie ergibt sich für die berechnete ein Wert, der in unmittelbarer Nähe des empirischen liegt.

Die Energie des $4s$-Zustandes des K-Atoms wurde auch mit dem statistischen Pseudopotential F_l ebenfalls ohne Austausch- und Korrelationskorrektion berechnet, wobei sich das Resultat $-3{,}56$ e-Volt ergab (man vgl. P. GOMBÁS, I, S. 215). Dieser Wert stimmt gut mit dem auf Grund des Q_{nl}-Operators mit Hilfe des Variationsverfahrens gewonnenen Energiewert überein. Dies weist ebenfalls darauf hin, daß man bei Termberechnungen freier Atome den Besetzungsverbotoperator Q_{nl} durch die bedeutend einfacheren statistischen Pseudopotentiale ersetzen kann.

Schließlich haben wir mit dem hier entwickelten Verfahren noch die Eigenfunktion und die Energie des tiefsten Metallelektronenzustandes für Alkalimetalle berechnet, wobei wir von der WIGNER-SEITZschen Näherung ausgegangen sind, in welcher die ein Metallelektron enthaltende Elementarzelle durch eine Kugel (die Elementarkugel) vom gleichen Volumen mit dem Radius r_s approximiert wird. Auf Grund der statistischen Pseudopotentiale ergibt sich, daß das für die Metallelektronen maßgebende modifizierte Potential fast in der ganzen Elementarkugel nahe konstant ist und demzufolge auch die Eigenfunktion des tiefsten Metallelektronenzustandes fast in der ganzen (in etwa 90%) der Elementarkugel praktisch konstant verläuft[1]. Man muß daher die radiale Eigenfunktion f in diesem Zustand in erster Näherung gar nicht erst aus dem Variationsverfahren bestimmen, sondern man kann sie mit dem Ausdruck

$$f = \left(\frac{3}{4\pi r_s^3}\right)^{1/2} (4\pi r^2)^{1/2} = \left(\frac{3}{r_s^3}\right)^{1/2} r \qquad (20{,}4)$$

gleichsetzen, der in der Elementarkugel auf eins normiert ist. Wenn man diese Eigenfunktion gemäß (17,1) auf die Eigenfunktionen der energetisch tiefer liegenden Rumpfelektronenzustände mit der Nebenquantenzahl $l = 0$ orthogonalisiert, so ergibt sich, wie Berechnungen für das metallische Na

---

[1] Man vgl. hierzu P. GOMBÁS, I, S. 303 ff.

§ 20. Anwendungen

und K zeigen, für die Eigenfunktion des tiefsten Metallelektronenzustandes eine sehr gute Näherung. Mit dieser kann man dann die Energie des Metallelektrons im tiefsten Zustand nach (16,45) berechnen, wo die Integration auf die Elementarkugel auszudehnen ist.

Wenn man die hier geschilderten Anwendungen des Besetzungsverbotoperators überblickt, so gelangt man zu dem Schluß, daß in den meisten Fällen die einfachen statistischen Pseudopotentiale den bedeutend komplizierteren, jedoch genaueren Besetzungsverbotoperator Q_{nl} sehr gut ersetzen; in den Endresultaten ergibt sich kein bedeutender Unterschied. Diesbezüglich möchten wir besonders auf die im § 16 mit dem Pseudopotential G_l für die freien Atome Ar und Hg erzielten Resultate hinweisen, die mit den exakten Resultaten des self-consistent field ausgezeichnet übereinstimmen. Damit soll natürlich nicht gesagt sein, daß es keine Anwendungsgebiete gibt, auf welchen sich der Besetzungsverbotoperator Q_{nl} den statistischen Pseudopotentialen als überlegen erweist.

Anhang

Korrektion der statistischen Austauschpotentiale

Eine Korrektion der statistischen Austauschpotentiale entstand[1], als die Drucklegung des vorliegenden Buches schon fast beendet war, und die aus diesem Grunde nur mehr im Anhang und nicht im Rahmen der Behandlung der Austauschpotentiale (in den Paragraphen 5 und 6) gebracht werden konnte. Über diese Korrektion der statistischen Austauschpotentiale, die darin besteht, daß die Gebiete, in denen die Elektronendichte sehr klein ist, ausgeschaltet werden, sei im folgenden berichtet.

Wir gehen wieder von einem freien Elektronengas am absoluten Nullpunkt der Temperatur aus, das aus N Elektronen besteht und das sich im Volumen Ω befindet. Die N Elektronen besetzen die $n = N/2$ Bahnzustände (2,33) doppelt, sie zerfallen also in zwei Schwärme von je $n = N/2$ Elektronen mit entgegengesetzter Spinrichtung. Wir wollen annehmen, daß sich in Ω auch eine positive Ladung mit kontinuierlicher Verteilung befindet, die die negative Elektronenladung gerade kompensiert und elektrisch neutralisiert. In diesem Falle fällt die elektrostatische Wechselwirkung der Elektronen weg; die Energie des Elektronengases besteht dann — wenn man von der Korrelationswechselwirkung absieht — nur aus der FERMIschen kinetischen Energie und der Austauschenergie der Elektronen. Es ergibt sich also nach (4,1) und (4,20), mit Rücksicht darauf, daß $\varrho = N/\Omega$ konstant ist, für die Energie unseres Elektronengases

$$E = \varkappa_k \varrho^{5/3} \Omega - \varkappa_a \varrho^{4/3} \Omega = \varkappa_k N^{5/3} \frac{1}{\Omega^{2/3}} - \varkappa_a N^{4/3} \frac{1}{\Omega^{1/3}}. \tag{1}$$

Bei konstanter Elektronenzahl N ist also E eine Funktion des Volumens Ω allein.

Man kann nun aus der Gleichung

$$\frac{dE}{d\Omega} = 0 \tag{2}$$

denjenigen Wert von Ω, d. h. denjenigen Wert der Dichte $\varrho = N/\Omega$, bestimmen, für den E zum Minimum wird und der dem stabilen Gleichgewicht entspricht. Hieraus folgt für diesen Wert der Elektronendichte

$$\varrho_0 = \left(\frac{\varkappa_a}{2\varkappa_k}\right)^3 = 0{,}002127 \frac{1}{a_0^3}. \tag{3}$$

---

[1] P. GOMBÁS: die diesbezügliche Arbeit ist im Erscheinen.

Die Elektronendichte hat also in der Gleichgewichtslage einen endlichen Wert. Derselbe endliche Wert der Elektronendichte ergibt sich auch am Rand des mit dem Austausch erweiterten statischen Atoms, des sogenannten THOMAS-FERMI-DIRACschen Atoms (man vgl. § 4.3), da am Rand des Atoms die elektrostatischen Kräfte abgeschirmt sind und dort gerade der hier behandelte Fall eines freien Elektronengases ohne elektrostatische Wechselwirkung vorliegt.

Die Elektronendichte kann also in einem THOMAS-FERMI-DIRACschen Atom zufolge des Austausches nicht unter den Wert ϱ_0 absinken. In den äußeren Gebieten des Atoms (z. B. eines HARTREEschen oder HARTREE-FOCKschen Atoms), in denen die Elektronendichte kleiner ist als ϱ_0, können unserer Ansicht nach der statistische Ausdruck für die Austauschenergiedichte der Elektronen sowie die statistischen Austauschpotentiale nicht angewendet werden, da solch kleine Elektronendichten im THOMAS-FERMI-DIRACschen Atom eben als Folge des Austausches gar nicht auftreten. Tatsächlich ist der Verlauf der Austauschpotentiale für kleine Elektronendichten unbefriedigend.

Wenn man nämlich die statistischen Austauschpotentiale in der FOCKschen Näherung in bezug auf ein Elektron eines Atoms anwendet, also [gemäß (1,30) und (1,3)] annimmt, daß sich das betreffende Atomelektron im Potentialfeld $V = V_k + V_e + V_a^m$ befindet, wo V_k das Kernpotential, V_e das elektrostatistische Potential aller Elektronen und V_a^m das statistische mittlere Austauschpotential ebenfalls aller Elektronen (also inklusive des Bezugselektrons) bedeutet, so sollte der in V_a^m inbegriffene vom Selbstaustausch des Bezugselektrons resultierende Potentialanteil den in V_e enthaltenen Potentialanteil des Bezugselektrons — aus dem die elektrostatische Selbstwechselwirkung des Bezugselektrons entsteht — gerade kompensieren. Es sollte daher V_a^m in den äußeren Gebieten des Atoms (in denen $\varrho < \varrho_0$ ist) für $\varrho \to 0$ in das Negative des elektrostatistischen Potentials des Bezugselektrons, d. h. in e/r, übergehen (man vgl. hierzu S. 6). Dies ist jedoch nicht der Fall, da in diesen Gebieten V_a^m bei Zugrundelegung der FOCKschen Dichteverteilung der Elektronen zwar ziemlich langsam, aber immerhin exponentiell auf Null abfällt.

Wenn man jedoch z. B. im Falle eines Valenzelektrons in einem Atom nicht vom neutralen Atom ausgeht, sondern das Valenzelektron im elektrostatischen und Austausch-Feld des Rumpfes behandelt, so erweisen sich in den äußeren Gebieten des Rumpfes ($\varrho < \varrho_0$) die Austauschpotentiale (und auch die statistische Austauschenergiedichte) der Rumpfelektronen als viel zu groß[1]. Bei Zugrundelegung der HARTREE-FOCKschen Verteilung

---

[1] Das Problem der Kompensation des Selbstaustausches durch die elektrostatische Selbstwechselwirkung des Bezugselektrons fällt hier weg, da das Valenzelektron im Feld der Rumpfelektronen und nicht im Feld aller Atomelektronen (d. h. Rumpfelektronen + Valenzelektron) behandelt wird.

der Rumpfelektronendichte verschwinden diese zwar wieder exponentiell, jedoch in diesem Falle viel zu langsam, wie dies aus der Tabelle II für das HARTREE-FOCKsche K^+-Ion[1] zu sehen ist. Es ergibt sich z. B. bei der Entfernung $r = 5a_0$ vom Kern für $-eV_a^m$ der Wert $-0{,}027\ e^2/a_0 = -0{,}73$ e-Volt, obwohl die Elektronendichte dort nach den HARTREE-Fockschen Tabellen nur $\varrho \cong 6 \cdot 10^{-6}/a_0^3$ beträgt und sich außerhalb des Radius $r = 4a_0$ nur rund 1% von einem Elektron befindet.

Das Versagen der statistischen Austauschpotentiale in den Gebieten $\varrho < \varrho_0$ ist auf die oben besprochene Ursache sowie außerdem auch darauf zurückzuführen, daß die statistische Behandlungsweise von Elektronen für sehr kleine Elektronendichten schon ab ovo ungültig wird und den sehr wesentlichen Unterschied zwischen dem Verlauf der Elektronendichte eines neutralen Atoms und Ions in den Gebieten $\varrho < \varrho_0$ nicht richtig wiedergibt.

Aus all diesen Gründen scheint es gerechtfertigt zu sein, die statistischen Austauschpotentiale nur bis zu dem von der Theorie gegebenen Grenzwert ϱ_0 der Elektronendichte als gültig zu betrachten. Gerade dies haben wir bei der Berechnung der aus der Austauschwechselwirkung mit den Rumpfelektronen resultierenden Austauschenergie von Valenzelektronen in Atomen getan, wo wir das Austauschenergie-Integral nur bis zu dem Grenzwert r_g ausgedehnt haben, bei welchem die Elektronendichte des Rumpfes den Wert ϱ_0 annimmt (man vgl. S. 52 und 53). Dieses Abschneiden des Integrationsgebietes bei r_g läßt sich zwar mit dem Verlauf der Elektronendichte im THOMAS-FERMI-DIRACschen Modell begründen, ist jedoch keinesfalls als voll befriedigend und endgültig zu betrachten.

Deswegen muß zur Lösung dieses Problems ein anderer Weg gesucht werden, bei dem die Austauschpotentiale bei der Grenzdichte ϱ_0 nicht diskontinuierlich, sondern stetig auf Null abfallen und zu dem man folgendermaßen gelangt. Zur Herleitung der korrigierten Austauschpotentiale legen wir wieder unser freies Elektronengas zugrunde, in dem die Elektronen die Bahnzustände (2,33) doppelt besetzen, und gehen von der statistischen Berechnung der Austauschenergie η_a^j eines Elektrons im Zustand j aus, die aus der Austauschwechselwirkung dieses Elektrons mit allen übrigen Elektronen desselben Schwarmes und mit sich selbst resultiert (man vgl. hierzu § 3, S. 25 bis 27). Im Gegensatz zu der im § 3 gegebenen Berechnung von η_a^j integrieren wir jedoch in (3,8) nicht von $p = 0$ bis $p = p_\mu$, sondern von dem endlichen Impulsbetrag p_0 bis p_μ, wo p_0 der der Grenzdichte ϱ_0 entsprechende Impulsbetrag, d. h.

$$p_0 = \frac{1}{2}\left(\frac{3}{\pi}\right)^{1/3} h \varrho_0^{1/3} \qquad (4)$$

ist. Wir schließen also vom Austausch die Zustände mit einem Impulsbetrag

---

[1] D. R. HARTREE und W. HARTREE, Proc. Roy. Soc. London (A) **166**, 450, 1938.

$p < p_0$ aus und erhalten so statt (3,8)

$$\eta^j_{a\,korr} = -\frac{4p_\mu e^2}{h} F(\xi) + \frac{4p_0 e^2}{h} F(\zeta) \qquad (5)$$

mit $\qquad \xi = \frac{p_j}{p_\mu} \qquad$ und $\qquad \zeta = \frac{p_j}{p_0}. \qquad (6)$

Das korrigierte Austauschpotential $V^\mu_{a\,korr}$ erhält man hieraus sofort, wenn man, ganz ähnlich wie im § 6, im Ausdruck von $\eta^j_{a\,korr} = -e\,V^j_{a\,korr}$ für p_j den Wert p_μ setzt. Es ergibt sich so mit Rücksicht auf (2,2)

$$V^\mu_{a\,korr} = \frac{2ep_\mu}{h}[1 - s_\mu(\tau)] = \left(\frac{3}{\pi}\right)^{1/3} e\,\varrho^{1/3}[1 - s_\mu(\tau)] \qquad (7)$$

mit

$$s_\mu(\tau) = \tau - \frac{1}{2}(1-\tau^2)\ln\left|\frac{1+\tau}{1-\tau}\right|, \qquad (8)$$

wo

$$\tau = \frac{p_0}{p_\mu} = \left(\frac{\varrho_0}{\varrho}\right)^{1/3} \qquad (9)$$

ist.

Die Herleitung des korrigierten mittleren Austauschpotentials $V^m_{a\,korr}$ kann ganz analog zu der im § 5 gegebenen Herleitung von V^m_a erfolgen. Man hat hierzu nur den über die in Frage kommenden Zustände, also von $p = p_0$ bis $p = p_\mu$, gemittelten Wert von $\eta^j_{a\,korr}$ zu berechnen, d. h. in (5) für $F(\xi)$ und $F(\zeta)$ die Mittelwerte $\overline{F}_1$ bzw. $\overline{F}_2$ zu setzen, die folgendermaßen zu definieren sind

$$\overline{F}_1 = \frac{\int_\tau^1 F(\xi)\xi^2\,d\xi}{\int_\tau^1 \xi^2\,d\xi}, \qquad \overline{F}_2 = \frac{\int_1^{1/\tau} F(\zeta)\zeta^2\,d\zeta}{\int_1^{1/\tau} \zeta^2\,d\zeta}. \qquad (10)$$

Die Integrale lassen sich einfach auswerten und man erhält

$$V^m_{a\,korr} = \frac{3ep_\mu}{h}[1 - s_m(\tau)] = \frac{3}{2}\left(\frac{3}{\pi}\right)^{1/3} e\,\varrho^{1/3}[1 - s_m(\tau)] \qquad (11)$$

mit

$$s_m(\tau) = \tau - \frac{1}{2}\frac{(1-\tau^2)^2}{1-\tau^3}\ln\left|\frac{1+\tau}{1-\tau}\right|. \qquad (12)$$

Sowohl $V^m_{a\,korr}$ wie $V^\mu_{a\,korr}$ verschwinden für $\tau = 1$, d. h. bei $\varrho = \varrho_0$; beide Austauschpotentiale sind nur von $\tau = 0$ bis $\tau = 1$ gültig und sind für $\tau > 1$, d. h. für größere Dichten als ϱ_0 identisch gleich Null zu setzen.

Die Korrektionen $s_m(\tau)$ und $s_\mu(\tau)$ steigen mit von Null an wachsendem τ vom Wert Null monoton an und erreichen bei dem Wert $\tau = 1$ den Wert 1. In der Tabelle I sind s_m und s_μ als Funktionen von τ dargestellt, woraus zu sehen ist, daß sowohl die Korrektion s_m wie s_μ für Werte von $\tau < 1/10$, d. h. im Inneren des Atoms in den Ausdrücken (11) und (7) neben 1 vernachlässigt werden können. Für $\tau < 1/10$ kann man mit Hilfe einer Reihenentwicklung s_m durch $5\,\tau^3/3 - \tau^4$ und s_μ durch $2\,\tau^3/3 + 2\,\tau^5/15$ darstellen. Da für $\tau = 1/2$ die beiden Korrektionen nur die im Verhältnis zu 1 kleinen Werte $s_m(1/2) = 0{,}147$ und $s_\mu(1/2) = 0{,}088$ erreichen, ist zu sehen, daß die Korrektionen nur für $\tau > 1/2$, also in den Randgebieten des Atoms, von Bedeutung sind.

Wir haben mit der HARTREE-FOCKschen Dichteverteilung[1] ϱ des K$^+$-Ions τ, $V^m_{a\,\text{korr}}$, $V^\mu_{a\,\text{korr}}$ sowie die nicht korrigierten Austauschpotentiale V^m_a und V^μ_a als Funktionen von r berechnet und in der Tabelle II dargestellt.

Aus dem in der Tabelle II dargestellten Verlauf der Austauschpotentiale des K$^+$-Ions ist ersichtlich, daß die korrigierten Austauschpotentiale bei $r_g = 3{,}06\,a_0$ verschwinden und von dort an Null bleiben. Daß sich diese Korrektion als wesentlich erweist, ist zu sehen, wenn man die aus der Austauschwechselwirkung eines Valenzelektrons mit den Rumpfelektronen resultierende Austauschenergie eines Valenzelektrons, z. B. in einem Alkaliatom, im Austauschfeld des Rumpfes mit dem nichtkorrigierten und korrigierten Austauschpotential V^μ_a bzw. $V^\mu_{a\,\text{korr}}$ berechnet und miteinander vergleicht.

Wir haben diese Austauschenergie in beiden Fällen für das Valenzelektron des K-Atoms im $4s$-Grundzustand mit den in der Tabelle II angegebenen Austauschpotentialen des K$^+$-Ions berechnet und folgende Werte erhalten

Tabelle I. Die Korrektionen s_m und s_μ als Funktionen von τ

τ	s_m	s_μ
$\tau < 0{,}1$	$\sim \frac{5}{3}\tau^3 - \tau^4$	$\sim \frac{2}{3}\tau^3 + \frac{2}{15}\tau^5$
0,1	0,00156	0,00067
0,2	0,01165	0,00538
0,3	0,03657	0,01834
0,4	0,08063	0,04413
0,5	0,1469	0,08802
0,6	0,2379	0,1564
0,7	0,3566	0,2577
0,8	0,5082	0,4045
0,9	0,7039	0,6203
0,95	0,8279	0,7714
0,98	0,9187	0,8890
1,00	1	1

$$\varepsilon = -e\int_0^\infty V^\mu_a f^2_{4s}\,dr = -0{,}0557\,\frac{e^2}{a_0} = -1{,}52\,e\text{-Volt}, \qquad (13)$$

$$\varepsilon_{\text{korr}} = -e\int_0^{r_g} V^\mu_{a\,\text{korr}} f^2_{4s}\,dr = -0{,}0249\,\frac{e^2}{a_0} = -0{,}68\,e\text{-Volt}, \qquad (14)$$

wo f_{4s} die auf 1 normierte mit dem Besetzungspotential G_l berechnete radiale Eigenfunktion des Valenzelektrons im $4s$-Zustand des K-Atoms und $r_g = 3{,}06\,a_0$ die Entfernung vom Kern bezeichnet, bei welcher

---

[1] D. R. HARTREE und W. HARTREE, Proc. Roy. Soc. London (A) **166**, 450, 1938.

$$\varrho(r_g) = \varrho_0 \tag{15}$$

und $V^\mu_{a\,\text{korr}} = 0$ ist.

Wie man sieht, ist der Betrag der mit dem korrigierten Austauschpotential berechneten Austauschenergie des Valenzelektrons im Grundzustand

Tabelle II. Die korrigierten und nichtkorrigierten Austauschpotentiale sowie τ als Funktionen von r für das K$^+$-Ion mit der HARTREE-FOCKschen Verteilung des K$^+$-Ions berechnet. r in a_0- und die Austauschpotentiale in e/a_0-Einheiten

r	τ	$V^m_{a\,\text{korr}}$	V^m_a	$V^\mu_{a\,\text{korr}}$	V^μ_a
0,01	0,0088	21,55	21,55	14,37	14,37
0,05	0,0145	13,11	13,11	8,74	8,74
0,1	0,0248	7,65	7,65	5,10	5,10
0,2	0,0378	5,03	5,03	3,35	3,35
0,4	0,0635	2,99	2,99	1,99	1,99
0,6	0,115	1,65	1,65	1,10	1,10
0,8	0,147	1,29	1,29	0,859	0,861
1,0	0,160	1,18	1,19	0,790	0,792
1,2	0,179	1,05	1,06	0,704	0,706
1,4	0,209	0,898	0,910	0,603	0,607
1,6	0,248	0,751	0,767	0,506	0,511
1,8	0,297	0,616	0,639	0,418	0,426
2,0	0,359	0,497	0,528	0,341	0,352
2,2	0,436	0,392	0,436	0,274	0,291
2,4	0,530	0,297	0,359	0,214	0,239
2,6	0,645	0,210	0,294	0,157	0,196
2,8	0,787	0,124	0,241	0,100	0,161
3,0	0,957	0,031	0,199	0,027	0,132
3,06	1,000	0,000	—	0,000	—
3,2	—	0	0,163	0	0,109
3,4	—	0	0,133	0	0,089
3,6	—	0	0,109	0	0,073
3,8	—	0	0,090	0	0,060
4,0	—	0	0,072	0	0,048
4,5	—	0	0,044	0	0,030
5,0	—	0	0,027	0	0,018
5,5	—	0	0,018	0	0,012
6,0	—	0	0,010	0	0,007
6,5	—	0	0,006	0	0,004
7,0	—	0	0,003	0	0,002
7,5	—	0	0,001$_5$	0	0,001

des K-Atoms um mehr als die Hälfte kleiner als der mit dem nichtkorrigierten Austauschpotential berechneten Austauschenergie. Der Betrag der letzteren ist viel zu groß, denn die Gesamtenergie des Valenzelektrons im Grundzustand des K-Atoms hat den Wert $-4{,}34\,e$-Volt, von dem ε mehr als ein Drittel ausmacht. Der Wert von $\varepsilon_{\text{korr}}$ ist viel befriedigender, denn er liegt in der Nähe der Werte, die man aus anderen Berechnungen schätzungsweise erhält (unmittelbare Vergleichsdaten für K liegen nicht vor). So ergibt sich z. B. nach FOCK und PETRASHEN[1], daß das Verhältnis der Austauschenergie des Valenzelektrons im $3s$-Grundzustand des Na-Atoms zur Gesamtenergie des $3s$-Energieniveaus rund 15% beträgt. Das ist fast dasselbe Verhältnis, das wir im Falle des K-Atoms mit der korrigierten Austauschenergie des Valenzelektrons erhalten, während sich mit der nichtkorrigierten für dieses Verhältnis rund 35% ergibt[2].

Die nach (13) oder (14) berechnete Austauschenergie hängt natürlich von dem Verlauf der Eigenfunktion des Valenzelektrons im Inneren des Atoms ab. Wir wählten in (13) und (14) für f_{4s} die mit den Besetzungsverbotpotentialen G_l und F_l berechneten Eigenfunktionen, die beide praktisch zum selben Wert der Austauschenergie $\varepsilon_{\text{korr}}$ führen. Diese Wahl der Eigenfunktion wird dadurch begründet, daß die Austauschpotentiale aus derselben statistischen Näherung entspringen wie die Besetzungsverbotpotentiale und das mit den Besetzungsverbotpotentialen entwickelte Näherungsverfahren gerade in der Weise ergänzen, die sich aus dem Grundgedanken dieses Näherungsverfahrens unmittelbar ergibt.

Wie aus den weiter oben besprochenen Resultaten für das Valenzelektron des K-Atoms hervorgeht, führt die Korrektur des Austauschpotentials V_a^μ bei der Berechnung der Energieniveaus von Valenzelektronen im Feld des Atomrumpfes zu einer wesentlichen Verbesserung im Vergleich zum nichtkorrigierten Austauschpotential. Für die Eigenfunktionen von Valenzelektronen dürfte dasselbe zutreffen; diesbezügliche Berechnungen wurden jedoch noch nicht durchgeführt.

Wenn man das Austauschpotential $V_{a\,\text{korr}}^m$ zur Vereinfachung des HARTREE-FOCKschen Verfahrens heranzieht und gemäß (1,30) die einzelnen Atomelektronen im Feld aller Elektronen des Atoms (inklusive des Bezugselektrons) behandelt, so muß man zur Kompensation der elektrostatischen und Austausch-Selbstwechselwirkung des Bezugselektrons das mittlere Austauschpotential $V_{a\,\text{korr}}^m$ so ergänzen, daß es für $\varrho \to 0$ in das Negative des elektrostatischen Potentials des Bezugselektrons, d. h. in e/r, übergehe. Dies kann ganz ähnlich geschehen wie im Falle von entsprechenden Berechnungen[3] mit dem nichtkorrigierten Austauschpotential, indem man $V_{a\,\text{korr}}^m$ von

---

[1] V. FOCK und M. J. PETRASHEN, Phys. Zs. d. Sowjetunion 6, 368, 1934.

[2] Wenn man die Austauschenergie des Valenzelektrons statt im Potentialfeld $V_{a\,\text{korr}}^\mu$ im mittleren Austauschpotential V_a^m bzw. $V_{a\,\text{korr}}^m$ berechnen würde, so würde man für $\varepsilon_{\text{korr}}$ einen fast 3/2-mal größeren Wert als (14) und für die nichtkorrigierte Austauschenergie einen genau 3/2-mal größeren Wert als ε, d. h. $-2{,}28$ e-Volt, erhalten. In diesem Falle wäre also die Notwendigkeit einer Korrektion der Austauschpotentiale noch augenfälliger.

[3] F. HERMAN und SH. SKILLMAN, Atomic Structure Calculations, Prentice Hall Inc., Englewood Cliffs, New Jersey, 1963.

dem Wert $r = r_A$ an, bei dem es mit e/r gleich wird, für alle größeren r-Werte mit e/r gleichsetzt. Dieses erweiterte mittlere Austauschpotential besteht also aus zwei Teilen: von $r = 0$ bis $r = r_A$ ist es mit $V^m_{a\,\mathrm{korr}}$ und von $r = r_A$ bis $r = \infty$ ist es mit e/r identisch. Bei $r = r_A$ entsteht ein Knick im Potentialverlauf, der jedoch belanglos ist. In den Resultaten für die Eigenfunktionen und Energieniveaus der Atomelektronen wird sich in diesem Falle im Verhältnis zu den entsprechenden Resultaten, die man mit dem nichtkorrigierten mittleren Austauschpotential erhält, praktisch kein Unterschied ergeben, da sich bei Zugrundelegung des korrigierten Austauschpotentials nur der Wert r_A, bei welchem $V^m_{a\,\mathrm{korr}}$ in e/r übergeht, etwas verkleinert und im Inneren des Atoms sich $V^m_{a\,\mathrm{korr}}$ von V^m_a praktisch nicht unterscheidet.

Zur Vereinfachung der Berechnungen sei erwähnt, daß im Intervall von $\tau = 1/2$ bis $\tau = 1$ die Korrektion s_m näherungsweise durch τ^3 und die Korrektion s_μ im selben Intervall durch τ^4 ersetzt werden kann. Für Werte $\tau < 1/2$ treten zwar große Abweichungen auf, dort sind jedoch die Korrektionen praktisch bedeutungslos, so daß diese Abweichungen keine Rolle spielen.

Ein weiteres Problem wäre, die statistischen Korrelationspotentiale V^m_c und V^u_c (man vgl. § 8) auf ähnliche Weise zu korrigieren, da diese in den Randgebieten des Atoms zu groß sind und für den Betrag der Korrelationsenergie von Atomelektronen zu große Werte liefern[1]. Diese Korrektion ist jedoch ein bedeutend schwierigeres Problem als im Falle der Austauschpotentiale.

---

[1] Arbeiten dieser Art sind im Gange.

Namenverzeichnis

Acton, F. S. 54.
Ahiezer, B. A. 115.
Amaldi, E. 40.
Antončik, E. 1, 86, 109.
Austin, B. J. 109, 118f.

Beresteckij, V. 115.
Bethe, H. 25, 31.
Bross, H. 86.
Bloch, F. 25.
Bohm, D. 33.
Brueckner, K. A. 34.

Callaway, J. 2, 54, 56.
Clementi, B. E. 61.
Cohen, M. H. 109, 119.

Dirac, P. A. M. 11, 41.

Emde, F. 22f., 116.

Fermi, E. 11, 14, 37, 40.
Fényes, I. 1, 109.
Fock, V. 2f., 5, 74, 107, 118, 130.
Frenkel, J. 37.
Fröman, Per Olof 19.

Gáspár, R. 1, 50, 52, 86.
Gell-Mann, M. 34.
Golden, S. 20.
Gombás, P. 1f., 5, 11, 17, 35f., 40ff., 45, 50, 53, 56ff., 60, 62, 64, 66ff., 70, 72f., 79, 81f., 84, 86, 90, 101, 103, 108, 110, 112f., 115, 120, 122, 124.
Gradstein, I. S. 22.

Hartree, D. R. 2, 65, 68, 73f., 79, 101, 107, 118, 126, 128.
Hartree, W. 68, 73f., 79, 101, 126, 128.

Hedin, L. 59.
Heine, V. 109, 118f.
Hellmann, H. 1, 13, 69, 72, 76.
Herman, F. 52, 54, 130.
Holz, A. 86.
Hylleras, E. A. 82.

Ivanenko, D. 116.

Jahnke, E. 22f., 116.
Jensen, H. 41f.
Juretschke, H. J. 54.

Kassatotschkin, W. 76.
Kisdi, D. 90, 108, 110, 112f., 115.
Kleinman, L. 1, 109, 117.
Kozma, B. 82, 84.
Kónya, A. 72, 82, 84.

Ladányi, K. 45, 90, 101.
Latter, R. 52.
Lenz, W. 37.
Lundqvist, S. 59f.

Matyáš, Z. 86.
Mitler, H. 56, 59.

Nozières, P. 34.

Petrashen, M. J. 130.
Péter, Gy. 84, 86.
Phillips, J. C. 1, 109, 117.
Pines, D. 33f.
Pratt, G. W. 52.

Ryshik, I. M. 22.

Seitz, F. 28, 31, 33.
Sham, L. J. 109, 118f.
Skillman, Sh. 52, 130.

Slater, J. C. 1, 46, 49, 98.
Sokolov, A. 116.
Szépfalusy, P. 1, 54, 109.
Szondy, T. 45, 69, 74f., 90.

Thomas, L. H. 37.
Turnbull, D. 33.

Ufford, C. W. 59f.

Watson, G. N. 20.
Weizsäcker, C. F. v. 44.
Wigner, E. 28, 30ff.

Ziman, J. M. 120.

Sachverzeichnis

Additionstheorem der Kugelflächenfunktionen 21
Atomkerne 89f.
Aufenthaltswahrscheinlichkeit von Elektronen 7, 9f., 28f.
Aufteilung des Impulsraumes durch koaxiale Zylinderflächen 14
Ausbreitungsvektor 18, 113
Austauschdichte 47
—, mittlere 47
Austauschenergie 6f., 48
— freier Elektronen 25ff.
— von Valenzelektronen 52f.
Austauschglieder im Energieausdruck 6
Austauschkorrektion des statischen Modells 40f.
Austauschloch 29, 30, 47, 54
Austauschpotential V_a^m (mittleres) 46ff.
— V_a^μ 49ff.
— V_a^0 51
Austauschpotentiale 1f., 8, 46ff.
—, Anwendungen 52f.
—, Erweiterungen 52f.
—, korrigierte 124ff.
Austauschwechselwirkung 46
Azimutale Impulskomponente der Elektronen 14
— kinetische Energie der Elektronen mit der Nebenquantenzahl l 16

Besetzungsverbotpotential G_l 66ff., 78f.
— F_l 70ff., 78f.
— S_λ 74f.
Besetzungsverbotpotentiale 1, 61ff., 107ff.
—, Anwendungen 76ff.
—, halbempirische 75f.
—, nichtlokale 107ff.
—, statistische 61ff.

Besetzungsverbotoperator Φ_{nl} 108ff.
— Φ_n 108ff.
— Q_{nl} 110
— Q_n 112
Besetzungsverbotoperatoren 107ff.
—, Anwendungen 120ff.
Besetzungsvorschrift für Elektronenzustände 61
Bohrscher Wasserstoffradius, erster 13

Dichte der Elektronen mit der Nebenquantenzahl l 15
Dichtefunktion der Elektronen 5
Dichtematrix 6
— freier Elektronen 19
— in geschlossener Form 19
— in Reihendarstellung 20
Drehimpuls der Elektronen 14

Ebene Wellen 18
— —, Reihenentwicklung 20
Eigenfunktionen freier Elektronen 18
Einelektroneigenfunktionen 2f.
Elektronenaustausch 6
Elektronendichte 13, 21ff.
Elektronengas 11ff.
—, statistisch 11ff.
—, wellenmechanisch 18
Elektronenverteilung 13
Elektrostatische Selbstwechselwirkung 6f.
— Wechselwirkungsenergie der Elektronen, gegenseitige 4, 6
— — — — mit dem Kern 4, 6
— Wechselwirkungsenergie freier Elektronen 25
Elektrostatisches Potential der Elektronen des Atoms 4f.
Energie des Atoms nach Fock 5
— — — nach Hartree 4

Sachverzeichnis

Energiematrix 7
Energieparameter 4
Erweiterungen des statistischen Modells 40ff.

Fermi-Amaldische Korrektion 40f.
Fermi-Diracsche Statistik 11f.
Flaschenpotential 90
Focksche Eigenfunktion 5f.
— Gleichungen 7f.
— Näherung 5ff., 11
Fockscher Energieausdruck 5

Gegenseitige elektrostatische Wechselwirkungsenergie der Elektronen 4
Gruppierung der Elektronen nach der Nebenquantenzahl 13ff., 42ff.

Hamilton-Operator 3
—, erweitert nach Fock 8
—, erweitert nach Hartree 4
Hartreesche Eigenfunktion 3f.
— Gleichungen 4, 8
— Näherung 2ff., 11

Impuls der Elektronen 12
— — —, maximaler 12
Impulsraum-Kugel 12

Kinetische Energie der Elektronen 4
— — — — mit der Nebenquantenzahl l 16
— — des Elektronengases 13
Kinetische Energiedichte der Elektronen 13, 17
— Energiekorrektionen des statistischen Modells 42ff.
— Inhomogenitätskorrektion 44f.
— Selbstenergie 67, 94
Korrektionen des statistischen Modells 40ff.
Korrelation 9ff., 30ff, 54ff.
Korrelationsenergie 10, 30ff.
— von Atomelektronen 59f.
— von Atomen 59f.
Korrelationskorrektion des statistischen Modells 42
Korrelationspotential V_c^m (mittleres) 55ff.
— V_c^μ 57ff.

Korrelationspotentiale 1, 54ff.
—, Anwendungen 59ff.
Korrelationswechselwirkung 54
Korrigierte Austauschpotentiale 124ff.

Lagrangescher Multiplikator 4, 7
Laplace-Operator 2

Maximale Energie eines Elektrons 13
— radiale Impulskomponente der Elektronen 15
— — kinetische Energie der Elektronen mit der Nebenquantenzahl l 16
Maximaler Impuls der Elektronen 12
Methode des self-consistent field 1, 2ff.
Mittlere kinetische Energie der Elektronen 13
— — — — mit der Nebenquantenzahl l 16
Modifizierte potentielle Energie 67, 78ff.
Modifiziertes Potential 67, 77ff.

Normierungsbedingungen 3, 5
Nullpunktsenergie 13

Optisches Kernpotential 90
Orthogonalisierung von Eigenfunktionen 103ff.

Pauli-Prinzip 4f., 11f., 61
Phasenraum 12
Plasma-Oscillationen 33f.
Pseudopotentiale 1, 46ff., 54ff., 61ff., 107ff., 124ff.

Quantenbedingung für den radialen Impuls 63f.

Reihenentwicklung ebener Wellen 20

Selbstaustausch 6f., 52
Self-consistent field 1ff., 9
— —, vereinfachtes 90ff.
Schmidtsches Verfahren 103ff.
Statistische Behandlung von Atomen 36ff.
Statistisches Atommodell 36ff.
— —, Erweiterungen 40ff.
— — mit Schalenstruktur 45f., 90ff.

Sukzessives Näherungsverfahren von Hartree 8f.

Thomas-Fermische Gleichung 39
Thomas-Fermischer Energieausdruck 38
Thomas-Fermisches Modell 36ff.
Thomas-Fermi-Diracsche Gleichung 41
Thomas-Fermi-Diracsches Modell 41f.

Übergangsdichte 6

Vereinfachtes self-consistent field 90ff.

Wahrscheinlichkeitsdichte des Austauschloches 30
Wechselbeziehung von Elektronen 10
Wechselwirkung freier Elektronen 25ff.
Wechselwirkungsenergie freier Elektronen 25ff.
Weizsäckersche Inhomogenitätskorrektion 44f., 93f.
Wentzel-Kramers-Brillouinsches Verfahren 62ff.

If you have any concerns about our products,
you can contact us on
ProductSafety@springernature.com

In case Publisher is established outside the EU,
the EU authorized representative is:
**Springer Nature Customer Service Center GmbH
Europaplatz 3, 69115 Heidelberg, Germany**

Printed by Libri Plureos GmbH
in Hamburg, Germany